T0235063

BestMasters

Mit „BestMasters" zeichnet Springer die besten Masterarbeiten aus, die an renommierten Hochschulen in Deutschland, Österreich und der Schweiz entstanden sind. Die mit Höchstnote ausgezeichneten Arbeiten wurden durch Gutachter zur Veröffentlichung empfohlen und behandeln aktuelle Themen aus unterschiedlichen Fachgebieten der Naturwissenschaften, Psychologie, Technik und Wirtschaftswissenschaften.

Die Reihe wendet sich an Praktiker und Wissenschaftler gleichermaßen und soll insbesondere auch Nachwuchswissenschaftlern Orientierung geben.

Carsten Kleppel

Von der Dirac-Gleichung zur Quantenelektrodynamik

Eine verständliche Einführung für Studierende der theoretischen Physik

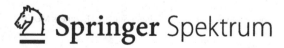 Springer Spektrum

Carsten Kleppel
Mainz, Deutschland

BestMasters
ISBN 978-3-658-09482-9   ISBN 978-3-658-09483-6 (eBook)
DOI 10.1007/978-3-658-09483-6

Die Deutsche Nationalbibliothek verzeichnet diese Publikation in der Deutschen Nationalbi-
bliografie; detaillierte bibliografische Daten sind im Internet über http://dnb.d-nb.de abrufbar.

Springer Fachmedien Wiesbaden ist Teil der Fachverlagsgruppe Springer Science+Business Media
(www.springer.com)

Theories of the known, which are described by different physical ideas may be equivalent in all their predictions and are hence scientifically indistinguishable. However, they are not psychologically identical when trying to move from that base into the unknown. For different views suggest different kinds of modifications which might be made and hence are not equivalent in the hypotheses one generates from them in ones attempt to understand what is not yet understood.

- Richard P. Feynman 1966 in seiner Nobelpreisrede

Danksagung

Mein ganz besonderer Dank gilt Herrn Prof. Dr. Stefan Scherer, denn ich verdanke ihm nicht nur eine interessante Themenstellung. Vielmehr hat er diese Arbeit mit seiner außerordentlichen Geduld und seiner großartigen Betreuung erst ermöglicht hat.

Außerdem danke ich meiner Freundin Stephanie dafür, dass sie mich mit unerschöpflicher Ausdauer und erstaunlichem Gleichmut über die gesamte Zeit hinweg unterstützt, aufgefangen, motiviert, ge- und ertragen hat.

Zu guter Letzt danke ich meinen Eltern, die mich bei jedem Schritt auf meinem bisherigen Weg unterstützt und gefördert haben und ohne deren Hilfe mein Studium nicht möglich gewesen wäre.

Carsten Kleppel

Inhaltsverzeichnis

Abbildungsverzeichnis

Tabellenverzeichnis

1 Einleitung

Das Ziel der vorliegenden Arbeit soll es sein, eine verständliche und leicht nachvollziehbare Diskussion der Dirac-Gleichung zu liefern, die zugleich einen Zugang zur Quantenelektrodynamik bietet. Der zeitlich begrenzte Rahmen, der diesem Vorhaben gesteckt ist, und die gleichzeitige Fülle verschiedener Themen, die dabei mit eingebunden werden könnten, nötigen zu gewissen Einschränkungen:

Diese Arbeit kann nur einen kleinen Einblick in die Materie geben und bewegt sich dabei in einem Spannungsfeld zwischen Breite und Tiefe der Darstellung. Wo eine ausführlichere Beschreibung verwehrt bleibt, wird allerdings auf die zahlreich vorhandene Literatur verwiesen.

Obwohl ein modernes Verständnis der Theorie im Fokus steht, soll die spannende Entwicklungsgeschichte der Quantenelektrodynamik nicht ganz außer Acht gelassen werden. Aus diesem Grund wird versucht, an sinnvoll erscheinenden Stellen durch Rekurs auf Originalquellen die Auseinandersetzung mit denselben anzuregen und eine Brücke zwischen der historischen Genese und einem moderneren Verständnis zu schlagen, ohne dabei in einer historistischen Sichtweise zu verharren.

Eine andere Besonderheit dieser Arbeit ist der bewusste Verzicht auf natürliche Einheiten. Die dadurch – wenn überhaupt – nur geringfügig unübersichtlicheren Formeln werden, nach Meinung des Autors, durch die leichtere Zugänglichkeit für weniger erfahrene Studierende gerechtfertigt. Dies steht im Zusammenhang mit dem grundsätzlichen Ziel, die Inhalte kompakt und gleichzeitig so leicht verständlich darzulegen, dass diese Arbeit beispielsweise als einführende Handreichung für Studierende geeignet wäre und zudem durch Randnotizen und Verweise eine Gelegenheit zur intensiveren Beschäftigung mit dem Thema böte.

1.1 Historischer Überblick

Einige bahnbrechende Theorien und experimentelle Befunde in der Physik der 1920er und 1930er Jahre haben eine Entwicklung angestoßen, die das heutige physikalische Weltbild nachhaltig geprägt hat. Im Laufe der Jahrzehnte hat sich daraus mit der Quantenelektrodynamik eines der am genauesten experimentell reproduzierten Theoriegebäude entwickelt. Um die Erwartungen des Lesers nicht zu enttäuschen, sei diesem Abschnitt daher vorweggeschickt, dass es hier nicht primär um die wissenschaftsgeschichtlich akkurate Aufschlüsselung und detailgetreue Aufarbeitung der bahnbrechenden Gedankengänge gehen soll. Einerseits würde ein solches Vorhaben den Umfang dieser Arbeit sprengen, andererseits sind die Wege des wissenschaftlichen Fortschritts zuweilen sehr verschlungen. Deshalb schlösse eine historistische Darstellung manche Umwege und Altlasten mit ein. Um die Übersichtlichkeit zu wahren, werden stattdessen eine gebräuchlichere Notation benutzt und an einigen Stellen Gedankengänge verkürzt.

Die nun folgenden Ausführungen zielen darauf ab, einige wichtige Stationen auf dem Weg zur Entwicklung der Quantenelektrodynamik zu benennen und dabei anhand einzelner Beispiele die Dynamik der damaligen Diskussion aufzuzeigen. Bei der Auswahl dieser Stationen wird größeres Gewicht auf diejenigen Punkte gelegt, die primär mit der Dirac-Gleichung zusammenhängen.

Der Startpunkt dieses historischen Überblicks könnte variabel gesetzt werden, etwa bei der Quantenhypothese des Lichts, durch die Planck [vgl. 1901, S. 561] das Spektrum des Schwarzkörperstrahlers zu erklären versuchte und auf die Einstein [1905] in seiner Deutung des äußeren photoelektrischen Effekts und anderer experimenteller Befunde aufbauend argumentierte, wieso Licht gequantelt aufzutreten scheint. Einen nicht minder geeigneten Ausgangspunkt könnte jedoch auch die Entdeckung des Elektrons als Elementarteilchen darstellen, die sich seit der ersten Hälfte des 19. Jahrhunderts langsam aus den Hypothesen und Experimenten vieler Physiker bis hin zu Thomson [1897] herauskristallisierte. Im Detail wird dies etwa bei Arabatzis [2006, Kap. 4] dargestellt. Die von de Broglie [1925] begründete Theorie der Materiewellen und der experimentelle Nachweis der Wellennatur des Elektrons durch Davisson u. Germer [1927] führten mit dem Welle-Teilchen-Dualismus zu einer bedeutenden und fruchtbaren naturphilosophischen Diskussion. Man könnte aber auch atomistische Denkgeschichten ab den Vorsokratikern umreißen, wie dies bei Zeh [2014] in knapper Form geschieht.

Diese Wegmarken sind in ihrer Bedeutung für die Physik kaum zu unterschätzen, können in diesem Rahmen aber nicht weiter im Detail beleuchtet werden. Stattdessen soll es zunächst um Erwin Schrödinger gehen, der de Broglie folgend die Wellennatur als grundlegend annahm und in einer Reihe wegweisender Publikationen[1] unter anderem die nach ihm benannte nichtrelativistische Wellengleichung veröffentlichte [vgl. Schrödinger, 1926a, S. 362]. In ihrer freien Form lautet sie

$$i\hbar \frac{\partial \Psi}{\partial t} = -\frac{\hbar^2}{2m} \Delta \Psi. \text{ [2]} \tag{1.1}$$

Dirac [vgl. 1971, S. 37f.] zufolge hat er diese allerdings erst als nichtrelativistischen Grenzfall einer anderen, relativistischen Gleichung erhalten, die er zunächst nicht publizieren wollte, weil sie nicht die korrekte Feinstrukturaufspaltung des Wasserstoffspektrums lieferte. Erst in der vierten Publikation aus der oben genannten Reihe schlug Schrödinger [vgl. 1926d, S. 133] auch seine relativistische Wellengleichung vor, die zu diesem Zeitpunkt jedoch bereits unabhängig von Klein [vgl. 1926, S. 409], Gordon [vgl. 1926, S. 119] und anderen veröffentlicht worden war. Sie lautet als freie Gleichung

$$\left[\Box + \left(\frac{mc}{\hbar} \right)^2 \right] \Psi = 0 \text{ [3]} \tag{1.2}$$

und ist wegen Schrödingers Zögern unter dem Namen Klein-Gordon-Gleichung in die Physikgeschichte eingegangen. Diese Gleichung und ih-

---

[1] Siehe Schrödinger [1926a,b,c,d].

[2] Eine Herleitung von Gleichung (1.1) findet sich im Anhang auf Seite 129.

[3] Eine Herleitung von Gleichung (1.2) ist im Anhang auf Seite 130 einzusehen.

$$\Box = \partial_\mu \partial^\mu := \frac{\partial}{\partial x^\mu} \frac{\partial}{\partial x_\mu} = \frac{1}{c^2} \frac{\partial^2}{\partial t^2} - \Delta := \frac{1}{c^2} \frac{\partial^2}{\partial t^2} - \sum_{k=1}^{3} \frac{\partial^2}{\partial x_k^2}$$

wird als d'Alembertoperator bezeichnet und Δ ist der Laplaceoperator. $(\partial^\mu) := \left(\frac{1}{c} \frac{\partial}{\partial t}, \frac{\partial}{\partial x_1}, \frac{\partial}{\partial x_2}, \frac{\partial}{\partial x_3} \right)$ ist der kontravariante Vierergradient. Auf Kosten der Uniformität werden im Folgenden jeweils diejenigen Ausdrücke verwendet, die einem Nachvollzug der Rechnungen und zugleich deren Übersichtlichkeit am ehesten zuträglich erscheinen.

re Makel bildeten den Anlass für Dirac nach einer alternativen Gleichung zu suchen. Seine Arbeiten stießen die Entwicklung der Quantenelektrodynamik an, prophezeiten die Existenz von Antiteilchen und bildeten auch sonst den Ausgangspunkt der meisten bedeutenden Entwicklungen der Quantenfeldtheorie der 1930er und 40er Jahre [vgl. Schweber, 1994, S. 12]. Speziell Diracs Löchertheorie, mit der dieser negative Energien von Elektronen zu erklären versuchte, stieß dabei auf Gegenwehr. Statt der Löchertheorie setzte sich auf lange Sicht die Überzeugung Pascual Jordans durch, dass Teilchen als Resultat quantisierter Materiewellen anzusehen seien. Jordan u. Wigner [1928] schlugen ein Quantisierungsverfahren von Materiewellen vor, deren Quanten anschließend der Fermi-Dirac-Statistik gehorchten [vgl. Schweber, 1994, S. 34-38]. Diese und einige von Jordans eigenen Arbeiten bilden zusammen mit Heisenberg u. Pauli [1929, 1930] die Grundlage der Quantenfeldtheorie, welche den Dirac-See schließlich überflüssig machte [vgl. Schweber, 1994, S. 34-37, 76f.]. Der konzeptuelle Unterschied zwischen Diracs und Jordans Ansichten über die Natur der Elektronen wird zu Beginn von Kapitel 4 erneut aufgegriffen.

In ihrem weiteren Verlauf war die Quantenelektrodynamik vor eine Reihe von Problemen gestellt, die aus Korrekturtermen höherer Ordnung resultierten. Diese Probleme konnten letzten Endes erst durch die Arbeiten der Nobelpreisträger Tomonaga [1943][4], Schwinger [1948a,b, 1949] und Feynman [1949a,b] gelöst werden. Tomonaga und Schwinger formulierten unabhängig voneinander die bisherige Quantenfeldtheorie in einer Art um, die es erlaubt, die Divergenzen als unbeobachtbare Zusatzbeiträge der Masse und Ladung zu identifizieren und sie im Zuge einer Renormierung außer Acht zu lassen. Feynman hingegen löste diese Probleme, indem er eine kurzzeitige Variation der Gesetze der Quantenelektrodynamik erlaubte [vgl. Schweber, 1994, S. 434f.]. Schließlich konnte Dyson [1949] die Äquivalenz der Ansätze beweisen.

1.2 Aufbau dieser Arbeit

Die historische Einführung dient nicht nur der Verortung des Themas in der Wissenschaftsgeschichte, sondern sie soll auch eine inhaltliche Basis

---

[4] Für die englische Übersetzung des japanischen Originals siehe Tomonaga [1946].

darstellen, die im Folgenden vertieft und konkretisiert wird. Das Vorgehen orientiert sich dabei allerdings weniger an der Chronologie als an den inhaltlichen Zusammenhängen. Das ausdrückliche Ziel ist dabei eine ausführliche und verständliche Diskussion der Dirac-Gleichung, die anschließend als Ausgangspunkt für ein Verständnis der Quantenelektrodynamik genutzt wird.

In Kapitel 2 wird daher die Dirac-Gleichung zunächst motiviert und ihre Eigenschaften hergeleitet, bevor ihre Lösungen gefunden und interpretiert werden. Der historischen Motivation folgend, beschränkt sich diese Arbeit dabei vor allem auf Elektronen und deren Antiteilchen, obwohl die Dirac-Gleichung als relativistische Wellengleichung für Fermionen selbstverständlich viele weitere Teilchen beschreibt, wie etwa Neutrinos. Deren, zumindest nach dem Standardmodell, verschwindende Masse[5] würde an manchen Stellen jedoch eine besondere Betrachtungsweise erfordern, auf die in dieser Arbeit verzichtet werden soll.

Die Quantenelektrodynamik beschreibt die Wechselwirkung elektrisch geladener Teilchen miteinander und mit Licht, sodass die Quantisierung des elektromagnetischen Feldes in Kapitel 3 einen wichtigen Zwischenschritt bildet, bevor in Kapitel 4 das Feld der Dirac-Gleichung kanonisch quantisiert wird.

Die Ankopplung des elektromagnetischen Feldes erfolgt in Kapitel 5, womit die Grundlagen der Quantenelektrodynamik gelegt sind. Kapitel 5 ist außerdem der Streutheorie gewidmet und bietet einen Einblick in die QED nach Feynman und in die nach ihm benannten Diagramme. Seine herausragenden Regeln, wie man mit Hilfe dieser Diagramme die Übergangsamplituden bei Streuprozessen beschreiben kann, werden mit Hilfe der Dyson-Entwicklung und des Wick-Theorems am Beispiel der Compton-Streuung erschlossen und bilden den Abschluss dieser Arbeit.

---

[5] Ob Neutrinos tatsächlich masselos sind oder nur eine extrem kleine Masse haben, ist Teil aktueller Forschung. Die Beobachtung von Neutrinooszillationen ist ein Indiz dagegen [vgl. King u. a., 2014, S. 3f.], zumal eine endliche Neutrinomasse keine fundamentale Symmetrie des Standardmodells brechen würde, sondern lediglich eine, die eher „zufällig" zu sein scheint [vgl. Xing u. Zhou, 2011, S. 61f.].

2 Die Dirac-Gleichung

Um Diracs Verdienst und die Bedeutung der nach ihm benannten Gleichung verstehen zu können, ist es zunächst notwendig, die Ausgangssituation und die zugehörigen Problemstellungen näher zu beleuchten. Aus diesem Grund widmet sich der erste Abschnitt der Klein-Gordon-Gleichung, deren Probleme bei der Beschreibung des Elektrons Dirac überhaupt erst veranlasst haben, nach einer eigenen Theorie zu suchen.

Im zweiten Abschnitt werden die wichtigsten Eigenschaften der freien Dirac-Gleichung diskutiert. Dabei bilden Diracs Anforderungen an eine neue Theorie den Ausgangspunkt für die Herleitung der nach ihm benannten Gleichung in ihrer Schrödinger'schen Form. Als zweites, mindestens ebenso wichtiges Gesicht der Dirac-Gleichung wird ihre kovariante Form aufgestellt und die in beiden Schreibweisen auftretenden Matrizen werden in der Standard- beziehungsweise Dirac-Darstellung explizit ausgeschrieben. Im Anschluss werden mit der Lorentz-Kovarianz, ihrer mit der nichtrelativistischen Quantenmechanik konsistenten Wahrscheinlichkeitsinterpretation und der Beschreibung von Teilchen mit Spin $\frac{1}{2}$ drei ihrer wichtigsten Eigenschaften nachgewiesen beziehungsweise näher erläutert.

Der dritte Abschnitt widmet sich schließlich der Lösung der freien Dirac-Gleichung mit dem Ansatz ebener Wellen. Ihre Lösungen werden dabei nach dem Vorzeichen der Energie, ihrem Impuls und ihrem Spin charakterisiert, bevor ihre Orthonormalität und Vollständigkeit nachgewiesen wird.

Im vierten Abschnitt wird der nichtrelativistische Grenzfall der Dirac-Gleichung behandelt. Zu diesem Zweck findet über die sogenannte minimale Substitution zunächst der Übergang von einer feldfreien Theorie hin zur Dirac-Gleichung für ein Teilchen in einem elektromagnetischen Feld statt.

Weil sich, wie in diesem Kapitel noch gezeigt wird, die Lösungen mit negativer Energie nicht wegdiskutieren lassen, bedürfen sie einer Interpretation. Derer werden im fünften Abschnitt zwei präsentiert: Zum

einen Diracs geniale, aber mittlerweile überholte Löchertheorie, welche
die Existenz von fermionischen Antiteilchen vorhersagte, bevor diese experimentell gezeigt wurde. Zum anderen die Interpretation von Stückelberg und Feynman, die das Problem negativer Energien dadurch umgeht,
dass sie Antiteilchen als rückwärts durch die Zeit reisende Teilchen identifiziert. Zunächst wird jedoch mit der Ladungskonjugation eine mathematische Operation vorgestellt, die den Übergang zwischen Lösungen
positiver und negativer Energie liefert.

2.1 Die Klein-Gordon-Gleichung

Auf der Suche nach der relativistischen Bewegungsgleichung des freien
Elektrons glaubten sich die meisten Physiker Mitte der 1920er Jahre
mit der sogenannten Klein-Gordon-Gleichung bereits am Ziel. Schweber
[vgl. 1994, S. 58] schildert eindrucksvoll eine Begegnung zwischen Dirac
und Bohr, bei der letzterer sein Unverständnis äußert, wieso Dirac sich
eines bereits gelösten Problems annehmen wolle. Die „Lösung" für das
Problem einer relativistischen Quantentheorie des Elektrons bestand für
Bohr in der Klein-Gordon-Gleichung:

$$\left[\Box + \left(\frac{mc}{\hbar} \right)^2 \right] \Psi = 0. \tag{2.1a}$$

Die komplex konjugierte Klein-Gordon-Gleichung lautet

$$\left[\Box + \left(\frac{mc}{\hbar} \right)^2 \right] \Psi^* = 0. \tag{2.1b}$$

An dieser Stelle geht es nun um die ‚Unstimmigkeiten', welche die Klein-
Gordon-Gleichung bei dem Versuch offenbart, sie auf das Elektron anzu-
wenden. Diese veranlassten Dirac schließlich dazu, die später nach ihm
benannte Gleichung aufzustellen und sie bieten daher auch den Schlüssel,
die Form der Dirac-Gleichung zu verstehen. Zunächst aber zur Lösung
der Klein-Gordon-Gleichung.[1]

---

[1] Der Autor orientiert sich an der Vorgehensweise in der Vorlesung von Fiedler u.
Scherer [vgl. 2013, Kap. D.4.2].

Da es sich um eine homogene partielle Differenzialgleichung handelt, bietet sich die Separation der Variablen mit Produktansatz an. Die Lösungen haben demnach die Form

$$\Psi(t, \vec{x}) = \phi(t)\psi_1(x_1)\psi_2(x_2)\psi_3(x_3), \qquad (2.2)$$

mit noch zu bestimmenden Faktoren $\phi(t)$ und $\psi_j(x_j)$, die jeweils nicht von den Argumenten der anderen Faktoren abhängen. Setzt man den Ansatz (2.2) in Gleichung (2.1a) ein und teilt anschließend durch Ψ, dann erhält man

$$\frac{1}{c^2}\frac{\ddot{\phi}}{\phi}(t) - \frac{\psi_1''}{\psi_1}(x_1) - \frac{\psi_2''}{\psi_2}(x_2) - \frac{\psi_3''}{\psi_3}(x_3) + \left(\frac{mc}{\hbar}\right)^2 = 0$$

$$\Leftrightarrow \frac{1}{c^2}\frac{\ddot{\phi}}{\phi}(t) = +\frac{\psi_1''}{\psi_1}(x_1) + \frac{\psi_2''}{\psi_2}(x_2) + \frac{\psi_3''}{\psi_3}(x_3) - \left(\frac{mc}{\hbar}\right)^2. \qquad (2.3)$$

Weil der Quotient $\frac{\ddot{\phi}}{\phi}(t)$ allerdings höchstens von t und nicht von $\vec{x}$ abhängt, die rechte Seite der Gleichung aber unabhängig von t ist, muss er konstant sein. Analoges gilt auch für die übrigen Quotienten. Genauer gesagt müssen sogar alle Konstanten negativ sein, damit die gesuchte Lösung Ψ im Unendlichen nicht divergiert. Man kann also reelle $k_0, ..., k_3$ definieren, sodass

$$\frac{\ddot{\phi}}{\phi} =: -c^2 k_0^2, \qquad \frac{\psi_1''}{\psi_1} =: -k_1^2, \qquad \frac{\psi_2''}{\psi_2} =: -k_2^2, \qquad \frac{\psi_3''}{\psi_3} =: -k_3^2. \qquad (2.4)$$

Einsetzen von (2.4) in (2.3) und die anschließenden Identifikationen

$$k := \left(\frac{\omega(\vec{k})}{c}, \vec{k}\right) \qquad \text{und} \qquad E = \hbar\omega(\vec{k})$$

ergeben die Dispersionsrelation, die zugleich die relativistische Energie-Impulsbeziehung eines Teilchens der Masse m wiedergibt:

$$k_0^2 = k_1^2 + k_2^2 + k_3^2 + \left(\frac{mc}{\hbar}\right)^2$$

$$\Leftrightarrow E = \hbar\omega(\vec{k}) = \pm\sqrt{(c\hbar\vec{k})^2 + m^2 c^4}. \qquad (2.5)$$

Aus den Differenzialgleichungen (2.4) folgen mit dem Exponentialansatz die Proportionalitäten

$$\phi(t) \sim e^{\pm i\omega t} \qquad \text{und} \qquad \psi_j \sim e^{\pm i k_j x_j}.$$

Weil die Klein-Gordon-Gleichung homogen und linear ist, lässt sich die allgemeine Lösung als Superposition ebener Wellen konstruieren [vgl. Stepanow, 2010, S. 4 und Ryder, 2005, S. 135]. Sie lautet demzufolge

$$\Psi(x) = \int \frac{d^3 k}{2\hbar\omega(\vec{k}) (2\pi)^3} \left(a(\vec{k}) e^{ik \cdot x} + b^*(\vec{k}) e^{-ik \cdot x} \right). \quad {}^{2)} \qquad (2.6)$$

Lösungen mit negativen Energien. Wie Gleichung (2.5) deutlich zeigt, besitzt die Klein-Gordon-Gleichung neben den erwarteten Lösungen mit positiver auch solche mit negativer Energie. Das ist insofern wenig überraschend, als dass der Ausgangspunkt ihrer Herleitung die quadratische Form der relativistischen Energie-Impulsbeziehung $E^2 = m^2 c^4 + (c\vec{p})^2$ war. Entscheidend ist dagegen, dass man für einen vollständigen Satz an Lösungen diejenigen mit negativer Energie nicht einfach ausschließen kann.

Für ein freies Teilchen stellen negative Energien zunächst keine Probleme dar, doch sobald es zu einer Wechselwirkung kommt, fehlt eine quantenmechanische Regel um zu verhindern, dass die Teilchen unter Abgabe einer unendlichen Strahlungsenergie in immer tiefere Energieniveaus ‚durchfallen‘. Zudem erkannte Dirac [vgl. 1928, S. 612], dass das Elektron hierbei sein Ladungsvorzeichen ändert, was ebenfalls nicht in der Natur beobachtet wird. Wo man in der klassischen Physik die negativen Energie-Lösungen solcher Gleichungen einfach ausgeschlossen hat, ist dies in einer relativistischen Quantenmechanik auch aus physikalischen Gründen nicht mehr möglich:

Für Lösungen mit positiven Energien gilt stets $E \geqslant mc^2$ und für solche mit negativen Energien $E \leqslant -mc^2$, sodass eine Energielücke

---

$^{2)}$ Diese komplexe Lösung beschreibt geladene Teilchen. Für ungeladene Teilchen gilt speziell $b^*(\vec{k}) = a^*(\vec{k})$. In dem Fall spricht man auch von einem reellen Feld.

Bei verschiedenen Autoren finden sich verschiedene Normierungen. Die hier gewählte hat dabei den großen Vorteil Lorentz-invariant zu sein, was etwa bei Ryder [vgl. 2005, S. 127] gezeigt wird.

$\Delta E \geqslant 2mc^2$ entsteht, die durch keinen klassischen, das heißt kontinuierlichen, Prozess überschritten werden kann. Daher können Lösungen
mit negativen Energien in der klassischen Betrachtung als ‚physikalisch'
unbedeutend wegdiskutiert werden [vgl. Weinberg, 2005, S. 11].
  Es stellt sich jedoch heraus, dass Lösungen mit negativer Energie auch
für andere relativistische Bewegungsgleichungen ein Charakteristikum
darstellen und mit der Existenz von Antiteilchen zusammenhängen [vgl.
Dirac, 1989, S. 273 und Dirac, 1930, S. 360]. Im Rahmen eines Ein-
teilchenkonzepts führen sie zu Interpretationsproblemen [vgl. Wachter,
2005, S. 19] und erst wenn die relativistischen Gleichungen als Feldgleichungen betrachtet werden, die zu quantisieren sind, können diese
mit den negativen Energien verbundenen Interpretationsschwierigkeiten
innerhalb einer Vielteilchentheorie endgültig ausgeräumt werden.[3] Zunächst stellten sie jedoch ein Rätsel dar [vgl. Ryder, 2005, S. 29].

Keine positiv definite Wahrscheinlichkeitsdichte. Um eine
Wahrscheinlichkeitsinterpretation zu erhalten, wie man sie aus der nichtrelativistischen Quantenmechanik kennt, benötigt man eine positiv definite Wahrscheinlichkeitsdichte. Auf der Suche nach einer entsprechenden Kontinuitätsgleichung bietet sich ein Vorgehen an, welches analog
zur Schrödingertheorie abläuft [vgl. Itzykson u. Zuber, 2005, S. 49f. und
Bjorken u. Drell, 1998, S. 17f.]:
  Gesucht wird also eine Kontinuitätsgleichung der Form

$$\frac{\partial \rho}{\partial t} = -\vec{\nabla} \cdot \vec{j} \qquad \Leftrightarrow \qquad \partial_\mu j^\mu = 0,$$

wobei $\rho =: \frac{j^0}{c} = \Psi^* \Psi$ in der Schrödingertheorie als Wahrscheinlichkeits-
dichte und $\vec{j} = -\frac{i\hbar}{2m} \left(\Psi^* \vec{\nabla} \Psi - \Psi \vec{\nabla} \Psi^* \right)$ als Wahrscheinlichkeitsstromdichte interpretiert wird. Die Gültigkeit der Kontinuitätsgleichung ergibt
sich dabei direkt aus der freien Schrödinger-Gleichung.

---

[3] Die Feldquantisierung der Klein-Gordon-Gleichung gilt als das Paradebeispiel der
  kanonischen Quantisierung einer relativistischen Wellengleichung. Dennoch wird
  in dieser Arbeit darauf verzichtet, sie durchzuführen. Der interessierte Leser sei
  daher beispielsweise auf Itzykson u. Zuber [2005, Kap. 3.1], Bjorken u. Drell
  [1967, Kap. 12], Mandl u. Shaw [2010, Kap. 3] oder Greiner u. Reinhardt [1993,
  Kap. 4] verwiesen.

Multipliziert man nun Gleichung (2.1a) von links mit Ψ^* und (2.1b) von links mit Ψ, so ergibt die Differenz

$$\Psi^* \left[\Box + \left(\frac{mc}{\hbar} \right)^2 \right] \Psi - \Psi \left[\Box + \left(\frac{mc}{\hbar} \right)^2 \right] \Psi^* = 0$$

$$\Leftrightarrow \Psi^* \partial_\mu \partial^\mu \Psi - \Psi \partial_\mu \partial^\mu \Psi^* = 0$$

$$\Leftrightarrow \partial_\mu \left(\Psi^* \partial^\mu \Psi - \Psi \partial^\mu \Psi^* \right) - \underbrace{\left(\partial_\mu \Psi^* \partial^\mu \Psi - \partial_\mu \Psi \partial^\mu \Psi^* \right)}_{=0} = 0$$

$$\Leftrightarrow \frac{\partial}{\partial t} \underbrace{\left(\Psi^* \frac{\partial \Psi}{\partial t} - \Psi \frac{\partial \Psi^*}{\partial t} \right) \left(\frac{i\hbar}{2mc^2} \right)}_{=:\rho} + \vec{\nabla} \cdot \underbrace{\left(\Psi^* \vec{\nabla} \Psi - \Psi \vec{\nabla} \Psi^* \right) \left(-\frac{i\hbar}{2m} \right)}_{=:\vec{j}} = 0.$$

$$\text{(2.7)}$$

Der letzte Term in der dritten Zeile verschwindet, weil Ψ eine skalare und komplexwertige Funktion ist. Die letzte Zeile besitzt die Form einer Kontinuitätsgleichung, weshalb man versucht wäre, ρ mit einer Wahrscheinlichkeitsdichte und $\vec{j}$ mit einer Wahrscheinlichkeitsstromdichte zu identifizieren. Der Proportionalitätsfaktor $\frac{\hbar}{2im}$ ist dabei so gewählt, dass man als nichtrelativistischen Grenzfall von $\vec{j}$ aus Gleichung (2.7) die Wahrscheinlichkeitsstromdichte der Schrödingertheorie erhält [vgl. Messiah, 1990, S. 362].

Diese Wahrscheinlichkeitsinterpretation scheitert jedoch daran, dass dieses ρ nicht positiv definit ist. Der Grund hierfür liegt darin, dass in der Klein-Gordon-Gleichung die zweifache zeitliche Ableitung auftritt, wogegen beispielsweise die Schrödinger-Gleichung linear in der zeitlichen Ableitung ist. Auch dies ist ein Grund dafür, dass eine Einteilcheninterpretation der Klein-Gordon-Gleichung scheitern muss [vgl. Ryder, 2005, S. 29].

Nichtsdestotrotz ist (2.7) die Kontinuitätsgleichung einer erhaltenen Größe mit Dichte ρ und Stromdichte $\vec{j}$. Diese Größe bezeichnet man allgemein als *Ladung*. Bei einem komplexen Klein-Gordon-Feld kann es sich hierbei zum Beispiel um die elektrische Ladung handeln, wie dies beim Pion der Fall ist [vgl. Mandl u. Shaw, 2010, S. 40]. Der Begriff der Ladung ist hier allerdings nicht auf die Elektrizität beschränkt, wie das Beispiel der elektrisch neutralen Kaonen zeigt, denen stattdessen die sogenannte „Strangeness-Ladung" zugeschrieben wird. Die Teilchen mit positiver und negativer Ladung stehen in einem Teilchen-Antiteilchen-Verhältnis und für Teilchen, die durch eine reelle Klein-Gordon-Gleichung beschrieben werden und damit keine Ladung besitzen, gilt entsprechend $\rho = 0$ und $\vec{j} = 0$. Sie sind ihre eigenen Antiteilchen [Wachter, 2005, S. 18f.].[4]

Keine korrekte Beschreibung des Wasserstoffspektrums. Der aus heutiger Sicht entscheidende Grund die Klein-Gordon-Gleichung nicht für die Beschreibung von Elektronen zu verwenden ist, dass sie einer fundamentalen Eigenschaft nicht Rechnung trägt: Elektronen sind Fermionen und besitzen einen halbzahligen Spin, wogegen die Klein-Gordon-Gleichung keinen Teilchen-Spin beschreibt: Ψ ist eine skalare Funktion, sie hat keine „inneren Freiheitsgrade", wie der Spin einer ist, und die Operatoren in (2.1a) wirken lediglich auf die „äußeren Freiheitsgrade", das heißt auf die Raumzeitkoordinaten [vgl. Wachter, 2005, S. 6]. Die Klein-Gordon-Gleichung findet daher nur bei Teilchen Anwendung, die Spin 0 besitzen, also bei spinlosen Bosonen. Will man mit der Klein-Gordon-Gleichung das Linienspektrum des Wasserstoffatoms berechnen, zeigen sich deshalb bis in zweiter Ordnung der Feinstrukturkonstante

$$\alpha := \frac{e^2}{4\pi\hbar c} \approx \frac{1}{137}\,^{5)} \text{ Übereinstimmungen mit dem Experiment. Doch ab}$$

dem α^4-Term erhält man eine Feinstrukturaufspaltung, die den bekannten Messungen widerspricht. Der Grund hierfür sind die vernachlässigten Effekte der Spin-Bahn-Kopplung[6], also der direkten Wechselwirkung des magnetischen Moments des Elektrons mit dem magnetischen Feld, das es aufgrund seiner Bewegung durch das elektrostatische Feld

---

[4] Eine Diskussion der Ladungskonjugation und der Zusammenhang zwischen Ladung und Vorzeichen des Energieeigenwerts findet in Kapitel 2.5.1 am Beispiel der Dirac-Gleichung statt. Eine Erklärung mit explizitem Bezug zur Klein-Gordon-Gleichung wird beispielsweise bei Wachter [2005, S. 12ff.] gegeben.

[5] In dieser Arbeit werden rationalisierte Gauß-Einheiten (Heaviside-Lorentz-Einheiten) verwendet. In SI-Einheiten lautet die Feinstruktur-Konstante $\alpha = \dfrac{e^2}{4\pi\varepsilon_0\hbar c}$

[6] Auch wenn das Konzept des Spins zu diesem Zeitpunkt noch relativ neu war, führte schon Schrödinger [vgl. 1926d, S. 133] das Versagen der Klein-Gordon-Gleichung bei ihrer Anwendung auf das Elektron auf den „Goudsmit-Uhlenbeckschen Elektronendrall" zurück.

des Protons ‚sieht', und der relativistischen Thomas-Präzession[7] [vgl. Weinberg, 2005, S. 6].[8]

Im Gegensatz zu den vorherigen Problemen der Klein-Gordon-Gleichung handelt es sich hier also um keines, das durch eine Feldquantisierung ausgeräumt werden könnte. Der Umstand, dass Elektronen Fermionen sind und damit dem Pauli-Prinzip unterliegen, hatte zudem zur Folge, dass es Dirac mit seiner Löchertheorie gelang, eine in vielen Bereichen auch ohne Feldquantisierung funktionierende Theorie aufzustellen.

2.2 Herleitung und Eigenschaften der freien Dirac-Gleichung

Um den Aufbau und die Struktur der Dirac-Gleichung für den Leser möglichst transparent zu machen, wird in diesem Abschnitt zunächst die freie Dirac-Gleichung in ihren verschiedenen Formen motiviert und eingeführt. Dabei orientiert sich ihre Herleitung explizit an den Anforderungen, die sich aus dem vorherigen Abschnitt zwangsläufig ergeben.

2.2.1 Forderungen an die Dirac-Gleichung und Herleitung ihrer Schrödinger'schen Form

Die Probleme der Klein-Gordon-Gleichung verdeutlichen, welche Eigenschaften eine relativistische Gleichung haben muss, wenn sie das Verhalten von Elektronen, beziehungsweise von Fermionen allgemein, korrekt beschreiben soll:

- Um eine Wahrscheinlichkeitsinterpretation wie in der nichtrelativistischen Quantenmechanik zu erlauben, fordert man einen Vierer-Vektor (j^μ) mit positiv definiter Aufenthaltswahrscheinlichkeitsdichte $\rho = \frac{j^0}{c}$, der einer Kontinuitätsgleichung genügt. Dafür benötigt die gesuchte Bewegungsgleichung die Schrödinger'sche Form, sie soll also

---

[7] Siehe zum Beispiel Fließbach [2012, S. 110] oder Thomas [1926].

[8] Für eine ausführliche Diskussion der Wasserstoffspektren, die von der nichtrelativistischen Schrödingergleichung und der relativistischen Dirac-Gleichung vorhergesagt werden, siehe Ardic [2013, Kap. 3, 8]. Für die Herleitung und Diskussion des durch die Klein-Gordon-Gleichung vorhergesagten Spektrums, siehe Schiff [1968, 467-471].

linear in der Zeitableitung sein und einen hermiteschen[9] Hamilton-operator besitzen [vgl. Bjorken u. Drell, 1998, S. 18 und Itzykson u. Zuber, 2005, S. 48]: $i\hbar\dfrac{\partial}{\partial t}\Psi = H\Psi$.

- Gleichzeitig sollte sie - anders als die Schrödinger-Gleichung - der speziellen Relativitätstheorie standhalten, also forminvariant unter Lorentz-Transformationen sein. Das heißt bei Linearität in der Zeitableitung insbesondere, dass der Hamiltonoperator linear in den drei Ortsableitungen sein soll, um einerseits der raumzeitlichen Symmetrie zu entsprechen, welche die SRT verlangt [vgl. Dirac, 1928, S. 613], und andererseits ein möglichst einfaches Transformationsverhalten der resultierenden Gleichung zu erreichen [vgl. Dirac, 1989, S. 255].

- Damit zusammenhängend muss die relativistische Energie-Impuls-Bilanz gelten.

- Schließlich soll der Spin des Elektrons ein elementarer Grundbaustein dieser Gleichung sein. Dafür benötigt man jedoch weitere Freiheitsgrade [vgl. Wachter, 2005, S. 6], weshalb das Konzept skalarer Wellenfunktionen fallen gelassen werden muss.[10]

Aus diesen Anforderungen ergibt sich Diracs Ansatz für einen Hamilton-operator:

$$i\hbar\frac{\partial\Psi}{\partial t} = H\Psi := \left(\frac{\hbar c}{i}\sum_{k=1}^{3}\alpha_k\frac{\partial}{\partial x^k} + \beta mc^2\right)\Psi. \qquad (2.8)$$

Dabei ist zu beachten, dass die α_i und β keine Zahlen sein können, weil die Gleichung sonst nicht einmal gegen räumliche Drehungen invariant wäre [vgl. Bjorken u. Drell, 1998, S. 18]. Folglich muss es sich hierbei um Matrizen handeln, deren Form nun näher bestimmt werden soll.

---

[9] Ein Operator A heißt hermitesch, wenn er selbstadjungiert ist. Als Matrix geschrieben muss er also quadratisch und gleich seiner adjungierten, das heißt komplex konjugierten und transponierten Matrix sein, $A = A^\dagger := A^{*T}$.

[10] Darwin [vgl. 1927, S. 227] fordert hier bereits die Beschreibung des Elektrons durch vektorwertige Wellenfunktionen, gegen die Pauli [1927] sich in seiner nichtrelativistischen Beschreibung des Elektrons mit Spin verweigere.

2.2.2 Definition der Dirac-Matrizen und kovariante Form der Dirac-Gleichung

Da man es hier mit einer Matrizengleichung zu tun hat, kann Ψ wiederum keine skalare Größe sein, sondern es muss sich, wie erwartet, um eine n-dimensionale Spaltenmatrix handeln. Sie wird, wegen ihres Zusammenhangs mit dem Spin des beschriebenen Teilchens, auch als Spinor bezeichnet.

Um der Forderung nach einer korrekten Energie-Impuls-Bilanz für das beschriebene Teilchen nachzukommen, muss jede Spinor-Komponente Ψ_μ die Klein-Gordon-Gleichung erfüllen:

$$-\hbar^2 \frac{\partial^2}{\partial t^2} \Psi_\mu = \left(\left(\frac{\hbar c}{i} \sum_{k=1}^{3} \alpha_k \frac{\partial}{\partial x^k} + \beta mc^2 \right) \left(\frac{\hbar c}{i} \sum_{l=1}^{3} \alpha_l \frac{\partial \Psi}{\partial x^l} + \beta mc^2 \Psi \right) \right)_\mu$$

$$= \left(-\hbar^2 c^2 \sum_{k,l=1}^{3} \alpha_k \alpha_l \frac{\partial^2 \Psi}{\partial x^k \partial x^l} \right.$$

$$\left. + \frac{\hbar}{i} mc^3 \sum_{k=1}^{3} (\alpha_k \beta + \beta \alpha_k) \frac{\partial \Psi}{\partial x^k} + \beta^2 m^2 c^4 \Psi \right)_\mu$$

$$= \left(-\hbar^2 c^2 \sum_{k,l=1}^{3} \underbrace{\frac{\alpha_k \alpha_l + \alpha_l \alpha_k}{2}}_{(*)} \frac{\partial^2 \Psi}{\partial x^k \partial x^l} \right.$$

$$\left. + \frac{\hbar}{i} mc^3 \sum_{k=1}^{3} \underbrace{(\alpha_k \beta + \beta \alpha_k)}_{(**)} \frac{\partial \Psi}{\partial x^k} + \underbrace{\beta^2}_{(***)} m^2 c^4 \Psi \right)_\mu$$

$$\overset{!}{=} \left(-\hbar^2 c^2 \Delta + m^2 c^4 \right) \Psi_\mu.$$

Durch Koeffizientenvergleich erhält man hieraus Bedingungen für α_i und β:

$$(*) \Rightarrow \{\alpha_i, \alpha_j\} = 2\delta_{ij} \mathbb{1}, \tag{2.9a}$$

$$(**) \Rightarrow \{\alpha_i, \beta\} = 0, \tag{2.9b}$$

$$(***) \Rightarrow \beta^2 = \mathbb{1}, \tag{2.9c}$$

wobei $\{\cdot,\cdot\}$ mit $\{A,B\} := AB + BA$ als Antikommutator bezeichnet wird und $\mathbb{1}$ die Einheitsmatrix darstellt.

Weitere Eigenschaften der α_i und β lauten:

- Sie müssen hermitesch sein, damit der Hamiltonoperator ebenfalls, wie gefordert, hermitesch ist.

- Wegen der Gleichungen (2.9a) und (2.9c) haben sie die Eigenwerte ± 1.

- Für ihre Spuren gilt $\mathrm{Sp}(\alpha_i) = 0 = \mathrm{Sp}(\beta)$, denn

$$\mathrm{Sp}(\alpha_i) \overset{(2.9c)}{=} \mathrm{Sp}(\beta^2 \alpha_i) \overset{11)}{=} \mathrm{Sp}(\beta \alpha_i \beta)$$

$$\overset{(2.9b)}{=} -\mathrm{Sp}(\alpha_i \beta^2) \overset{(2.9c)}{=} -\mathrm{Sp}(\alpha_i) = 0 \qquad (2.10)$$

und analog für β [vgl. Bjorken u. Drell, 1998, S. 20].

- Aus diesen Eigenschaften und den Gleichungen (2.9) folgt, dass die Matrizen α_i und β eine Dimension $d \geqslant 4$ haben müssen [vgl. Itzykson u. Zuber, 2005, S. 49]:

  - Sie haben eine geradzahlige Dimension d, denn für $i \neq j$ gilt wegen des Determinantenmultiplikationssatzes:

  $$\det(\alpha_i) \det(\alpha_j) = \det(\alpha_i \alpha_j) \overset{(2.9a)}{=} \det(-\alpha_j \alpha_i)$$

  $$= (-1)^d \det(\alpha_j) \det(\alpha_i).$$

  - Der Fall $d = 2$ kann ausgeschlossen werden, da es hier nur die drei Pauli-Matrizen als antikommutierende hermitesche Matrizen mit dem gesuchten Eigenwertspektrum gibt:

  $$\sigma_1 = \begin{pmatrix} 0 & 1 \\ 1 & 0 \end{pmatrix}, \qquad \sigma_2 = \begin{pmatrix} 0 & -i \\ i & 0 \end{pmatrix}, \qquad \sigma_3 = \begin{pmatrix} 1 & 0 \\ 0 & -1 \end{pmatrix}.$$

---

[11] Für die Spur aus dem Produkt zweier Matrizen gilt stets $\mathrm{Sp}(AB) = \mathrm{Sp}(BA)$.

– Für $d = 4$ lauten die Matrizen α_i und β in der Dirac-Darstellung[12])

$$\alpha_i = \begin{pmatrix} 0 & 0 & & \\ 0 & 0 & & \sigma_i \\ & & 0 & 0 \\ \sigma_i & & 0 & 0 \end{pmatrix}, \qquad \beta = \begin{pmatrix} \mathbb{1} & & 0 & 0 \\ & & 0 & 0 \\ 0 & 0 & & \\ 0 & 0 & & -\mathbb{1} \end{pmatrix}. \qquad (2.11)$$

Neben der Schrödinger'schen Form (2.8) der Dirac-Gleichung existieren noch weitere Schreibweisen. Besonders wichtig ist hierbei die kovariante Form:

Multipliziert man Gleichung (2.8) auf beiden Seiten mit $\dfrac{1}{c}\beta$ und führt die γ-Matrizen

$$\gamma^0 :- \beta, \qquad\qquad \gamma^i :- \beta\alpha_i \qquad\qquad \text{mit } i \in \{1, 2, 3\}$$

ein, nimmt die Dirac-Gleichung die Form

$$i\hbar\gamma^0 \frac{\partial}{\partial x^0}\Psi = \frac{\hbar}{i}\left(\gamma^1\frac{\partial}{\partial x^1} + \gamma^2\frac{\partial}{\partial x^2} + \gamma^3\frac{\partial}{\partial x^3} + mc\mathbb{1}\right)\Psi = 0$$

$$\Leftrightarrow (i\hbar\gamma^\mu\partial_\mu - mc\mathbb{1})\,\Psi = 0^{13)} \qquad (2.12)$$

an[14]) und die Antikommutatorrelationen (2.9) verkürzen sich zu

$$\{\gamma^\mu, \gamma^\nu\} = 2g^{\mu\nu}\mathbb{1} \qquad\qquad \text{mit } \mu, \nu \in \{0, 1, 2, 3\}. \qquad (2.13)$$

---

[12])Schweber [vgl. 1994, S. 58] zitiert Dirac, dass dieser die Form seiner Matrizen durch „herumspielen" mit Gleichungen und den Pauli-Matrizen gefunden habe, wobei er schließlich auf die Idee gekommen sei, vierdimensionale Fortsetzungen der Pauli-Matrizen zu benutzen.

Je nach Wahl der Basis gibt es viele verschiedene Darstellungen, wobei immer vom konkreten Problem abhängt, welche Darstellung, beziehungsweise Basis, die günstigste ist. In dieser Arbeit wird vornehmlich die Dirac-Darstellung benutzt.

[13])Die Einheitsmatrix wird bei vielen Autoren an dieser Stelle unterdrückt. Um den Sinn der Differenz zu verstehen, muss man allerdings bedenken, dass mc als $mc\mathbb{1}$ zu lesen ist.

[14])Bei verschiedenen Autoren finden sich verschiedene Definitionen der Dirac'schen γ-Matrizen, die gegebenenfalls in eine leicht variierte Form der Dirac-Gleichung münden. Beispielsweise führt die Definition $\gamma^i := -i\alpha_4\alpha^i$, $\gamma^0 := -i\alpha_4$ mit $\alpha_4 = \beta$ zu einer Dirac-Gleichung mit ‚verstecktem' $-i$ und daher verändertem Vorzeichen des Ruhemassenterms: $(\hbar\gamma^\mu\partial_\mu + mc)\,\Psi = 0$ [vgl. Weinberg, 2005, S. 9 und Dirac, 1928, S. 615].

In der Dirac-Darstellung lauten die γ-Matrizen

$$\gamma^0 = \begin{pmatrix} \mathbb{1} & \begin{matrix} 0 & 0 \\ 0 & 0 \end{matrix} \\ \begin{matrix} 0 & 0 \\ 0 & 0 \end{matrix} & -\mathbb{1} \end{pmatrix}, \qquad \gamma^i = \begin{pmatrix} \begin{matrix} 0 & 0 \\ 0 & 0 \end{matrix} & \sigma_i \\ -\sigma_i & \begin{matrix} 0 & 0 \\ 0 & 0 \end{matrix} \end{pmatrix} \qquad (2.14)$$

[vgl. Itzykson u. Zuber, 2005, S. 49]. Sie werden auch als Dirac-Matrizen bezeichnet. Im Gegensatz zu den α_i und β sind sie nicht mehr hermitesch, sondern wegen Gleichung (2.9) gilt

$$\gamma^{0\dagger} = \gamma^0, \qquad (2.15a)$$

$$\gamma^{k\dagger} = (\beta\alpha_k)^\dagger = \alpha_k\beta = -\gamma^k \qquad \text{für } k \in \{1,2,3\} \qquad (2.15b)$$

$$\Leftrightarrow \gamma^{\mu\dagger} = \gamma^0\gamma^\mu\gamma^0 \qquad \text{für } \mu \in \{0,1,2,3\} \qquad (2.15c)$$

[vgl. Itzykson u. Zuber, 2005, S. 50].

Zwar wurde die Form der Dirac-Gleichung nun bestimmt, doch einige der eingangs gestellten Forderungen konnten noch nicht diskutiert werden. In den folgenden Abschnitten ist daher noch explizit zu zeigen, dass die Dirac-Gleichung unter Lorentz-Transformationen ihre Form behält, dass mit ihr eine sinnvolle Wahrscheinlichkeitsinterpretation möglich ist und wie der Spin in ihr beschrieben wird.

2.2.3 Nachweis der Lorentz-Kovarianz der freien Dirac-Gleichung

Dieser Abschnitt orientiert sich, wo nicht anders gekennzeichnet, in Inhalt und Notation an Köpp u. Krüger [1997, S. 24ff.], wobei auf den in der theoretischen Physik sonst üblichen Komfort natürlicher Einheiten verzichtet wird.

Zunächst sollte geklärt werden, was es mit der Lorentz-Kovarianz auf sich hat: Die spezielle Relativitätstheorie fordert, dass physikalische Gesetze in jedem Inertialsystem die gleiche Form annehmen. Der Übergang zwischen diesen Systemen geschieht im relativistischen Fall durch eine Poincaré-Transformation, wobei jede Poincaré-Transformation als Verkettung einer Lorentz-Transformation und einer Translation dargestellt werden kann. Genau genommen fordert das Relativitätsprinzip sogar nur die Forminvarianz unter *eigentlichen* Lorentz-Transformationen und Raum- und Zeittranslationen. Allerdings ist die Dirac-Gleichung sogar invariant unter der vollen Poincaré-Gruppe. Eine reine Translation entspricht der Verschiebung des Koordinatensystems um einen Vierervektor a^μ, es gilt also $x'^\mu = x^\mu + a^\mu$. Deswegen folgt für eventuell anwesende Felder $A'^\mu(x') = A^\mu(x)$, für Viererimpulse $p'^\mu = p^\mu$ und für Spinoren $\Psi'(x') = \Psi(x)$, weshalb man sich in der Regel auf die Betrachtung von Lorentz-Transformationen beschränkt [vgl. Wachter, 2005, S. 101 und Messiah, 1990, S. 375].

Eine solche Lorentz-Transformation bildet die kontravarianten Koordinaten x^μ und den Spinor Ψ folgendermaßen aus dem Inertialsystemen I auf x'^μ und Ψ' in I' ab:

$$x'^\mu = \Lambda^\mu{}_\nu x^\nu,$$

$$\Psi'(x') = S(\Lambda)\Psi(x) = S(\Lambda)\Psi(\Lambda^{-1}x').$$

Anschaulich ist darunter Folgendes zu verstehen:

„Zwei Beobachter A und B, die in verschiedenen Inertial-Bezugssystemen [I und I'] sitzen, mögen dasselbe physikalische Ereignis mit ihren verschiedenen Raum-Zeit-Koordinaten beschreiben. Die Verbindung zwischen den Koordinaten x^μ, mit denen Beobachter A das Ergebnis beschreibt, und den Koordinaten x'^μ, die Beobachter B zur Beschreibung desselben Ereignisses verwendet, wird hergestellt durch die Lorentz-Transformation" [Bjorken u. Drell, 1998, S. 27].

Aus dieser Erklärung wird direkt deutlich, dass die Lorentz-Transformation invertierbar sein muss.

Das Transformationsverhalten kovarianter Vierervektoren (x_μ) erhält man über die Eigenschaft, dass ihre Norm invariant unter Lorentz-Transformationen ist:

$$x'^\mu x'_\mu = \Lambda^\mu{}_\nu \Lambda_\mu{}^\rho x^\nu x_\rho \stackrel{!}{=} x^\mu x_\mu$$

$$\Rightarrow \Lambda^\mu{}_\nu \Lambda_\mu{}^\rho = (\Lambda^T)_\nu{}^\mu \Lambda_\mu{}^\rho = (\Lambda^T \Lambda)_\nu{}^\rho = \delta_\nu{}^\rho \qquad (2.16)$$

$$\Rightarrow (\Lambda^T)^\nu{}_\mu = (\Lambda^{-1})^\nu{}_\mu$$

$$\Rightarrow x'_\mu = \Lambda_\mu{}^\nu x_\nu = (\Lambda^{-1})^\nu{}_\mu x_\nu.$$

Gleichung (2.16) ist die Orthogonalitätsrelation, an der man $\det(\Lambda^T \Lambda) = \det(\mathbb{1}) = 1$ ablesen kann, also dass wegen $\det(A^T) = \det(A)$ und des Determinantenmultiplikationssatzes $\det(\Lambda) = \pm 1$ gilt. Nun ist zu zeigen, dass die Dirac-Gleichung in I' die Form

$$\left(i\hbar\gamma^\mu \partial'_\mu - mc\right) \Psi'(x') = 0 \tag{2.17}$$

besitzt. Dies wird dadurch bewiesen, dass die ungestrichenen Größen in Gleichung (2.12) zunächst durch die Größen des gestrichenen Systems I' ausgedrückt werden und die erhaltene Gleichung anschließend in Gleichung (2.17) transformiert wird.

Ausgedrückt durch die Koordinaten und den Spinor aus I' lautet (2.12)

$$\left(i\hbar\gamma^\mu \Lambda^\nu{}_\mu \partial'_\nu - mc\right) S^{-1}(\Lambda)\Psi'(x') = 0$$

[vgl. Schwabl, 2005, S. 138]. Die Multiplikation von links mit $S(\Lambda)$ liefert nun

$$\Leftrightarrow S(\Lambda)\left(i\hbar\gamma^\mu \Lambda^\nu{}_\mu \partial'_\nu - mc\right) S^{-1}(\Lambda)\Psi'(x') = 0$$
$$\Leftrightarrow \left(i\hbar S(\Lambda)\Lambda^\nu{}_\mu \gamma^\mu S^{-1}(\Lambda)\partial'_\nu - mc\right) \Psi'(x') = 0.$$

Die Dirac-Gleichung ist also genau dann forminvariant unter Lorentz-Transformationen und besitzt in I' die Form von (2.17), wenn es Transformationsmatrizen gibt, sodass gilt

$$\gamma^\nu = S(\Lambda) \underbrace{\Lambda^\nu{}_\mu \gamma^\mu}_{=: \gamma'^\nu} S^{-1}(\Lambda). \tag{2.18}$$

Den letzten Schlüssel zum Nachweis der Forminvarianz der Dirac-Gleichung, nämlich die Existenz solcher Matrizen, liefert Pauli [vgl. 1936, S. 109f.] mit seinem „Théorème fondamental":

Wenn (γ^μ) und (γ'^μ) zwei Systeme aus vier 4×4-Matrizen sind, von denen alle die Antikommutatorrelationen (2.13) erfüllen, dann gibt es eine nicht-singuläre Matrix S (also eine solche, deren Determinante nicht Null ist und die daher invertierbar ist), welche der Gleichung

$$\gamma^\mu = S(\Lambda)\gamma'^\mu S^{-1}(\Lambda)$$

genügt.

Messiah [vgl. 1990, S. 373] ergänzt in seiner Übersetzung, dass diese Matrix S bis auf eine Konstante durch Gleichung (2.18) definiert ist und liefert zudem einen Beweis.

$\gamma'^\mu = \Lambda^\mu{}_\nu \gamma^\nu$ erfüllt die Antikommutatorrelation (2.13), denn

$$\begin{aligned}
\{\Lambda^\mu{}_\rho \gamma^\rho, \Lambda^\nu{}_\sigma \gamma^\sigma\} &= \Lambda^\mu{}_\rho \gamma^\rho \Lambda^\nu{}_\sigma \gamma^\sigma + \Lambda^\nu{}_\sigma \gamma^\sigma \Lambda^\mu{}_\rho \gamma^\rho \\
&= \Lambda^\mu{}_\rho \Lambda^\nu{}_\sigma \{\gamma^\rho, \gamma^\sigma\} \\
&= 2\Lambda^\mu{}_\rho \Lambda^\nu{}_\sigma g^{\rho\sigma} \mathbb{1} \\
&= 2\Lambda^{\mu\sigma} \Lambda^\nu{}_\sigma \mathbb{1} \\
&= 2g^{\mu\alpha} \mathbb{1} \underbrace{\Lambda_\alpha{}^\sigma \Lambda^\nu{}_\sigma}_{g_\alpha{}^\nu} = 2g^{\mu\nu} \mathbb{1}.
\end{aligned}$$

Damit sind die Voraussetzungen des Fundamentaltheorems erfüllt und die Forminvarianz der Dirac-Gleichung unter Lorentz-Transformationen bewiesen.

Alternativ zu diesem Beweis ließe sich die Invarianz unter der gesamten Lorentz-Transformation dadurch zeigen, dass man zunächst die eigentlichen orthochronen Lorentz-Transformationen betrachtet. Für diese beweisen Bjorken u. Drell [vgl. 1998, S. 31-35] die Existenz der durch Gleichung (2.18) bestimmten Matrizen, indem sie diese explizit konstruieren: Zunächst als infinitesimale eigentliche Lorentz-Transformationen, als deren Produkt sich dann jede endliche Transformation darstellen lässt.

Durch die Multiplikation eigentlicher orthochroner Lorentz-Transformationen mit den beiden diskreten Transformationen der Parität und Zeitumkehr lässt sich jede übrige Lorentz-Transformation darstellen. Für die Invarianz der Dirac-Gleichung ist also noch ihre Invarianz unter Paritäts- und Zeitumkehrtransformation zu beweisen.

2.2.3.1 Invarianz unter Raumspiegelung

Die Transformationsmatrix zur Paritätstransformation P ist jene, die $\vec{x}$ auf $-\vec{x}$ abbildet und dabei die Zeitrichtung beibehält:

$$\Lambda = \begin{pmatrix} 1 & 0 & 0 & 0 \\ 0 & -1 & 0 & 0 \\ 0 & 0 & -1 & 0 \\ 0 & 0 & 0 & -1 \end{pmatrix} = (g^{\mu\nu}).\;{}^{15)} \qquad (2.19)$$

Entsprechend gilt für die Ableitungen

$$P\partial_\mu = g^{\mu\mu}\partial_\mu P.\;{}^{16)} \qquad (2.20)$$

Setzt man (2.19) in (2.18) ein, erhält man

$$\gamma^\nu = P\Lambda^\nu{}_\mu \gamma^\mu P^{-1} = P g^{\nu\nu}\gamma^\nu P^{-1}. \qquad (2.21)$$

Die Bedingung (2.21) kann man auch dadurch erhalten, dass man die Bedingung der Invarianz der Dirac-Gleichung unter P direkt sucht:

$$\left(i\hbar\gamma^\mu\partial_\mu - mc\right)\Psi = 0$$
$$\Leftrightarrow P\left(i\hbar\gamma^\mu\partial_\mu - mc\right)P^{-1}P\Psi = 0$$
$$\Leftrightarrow \left(i\hbar P\gamma^\mu P^{-1}P\partial_\mu P^{-1} - mc\right)P\Psi = 0$$
$$\overset{(2.20)}{\Leftrightarrow} \left(i\hbar P g^{\mu\mu}\gamma^\mu P^{-1}\partial_\mu - mc\right)\Psi_P = 0,$$

[15)] Diese Darstellung gibt die Einträge der Matrix Λ in knapper Form an. Man beachte jedoch, dass diese Notation die Gefahr von Missverständnissen in sich birgt, denn die Minkowsi-Metrik $g^{\mu\nu}$ ist ein Tensor zweiter Stufe und besitzt demzufolge ein bestimmtes Transformationsverhalten. Λ ist dagegen selbst eine Transformationsmatrix und transformiert sich nicht wie ein Tensor. Somit stimmen zwar die Einträge überein, es ist aus streng formalen Gründen jedoch nicht korrekt, $\Lambda^\mu{}_\nu = g^\mu{}_\nu$ zu schreiben.

[16)] Man beachte, dass gemäß der Einstein'schen Summenkonvention nur über *doppelt* auftretende Indizes summiert wird. Dementsprechend ist der Ausdruck nach dem zweiten Gleichheitszeichen nicht als Summe über μ zu verstehen, sondern als Ausdruck für $\mu \in \{0, 1, 2, 3\}$.

woraus notwendigerweise (2.21) folgt. Diese Bedingung sagt aus, dass P mit γ^0 kommutiert und mit γ^j für $j \in \{1, 2, 3\}$ antikommutiert. Die Lösung von (2.21) lautet demnach

$$P(\Lambda) = e^{i\phi}\gamma^0.$$

Somit transformieren sich Spinoren unter Parität gemäß

$$P\Psi(x) = e^{i\phi}\gamma^0\Psi(x') = \Psi_P(x') \quad \text{mit } x' = (ct, \vec{x})' = (ct, -\vec{x}), \quad (2.22)$$

wobei der Phasenfaktor ϕ hier keine physikalische Bedeutung hat und auf die Werte $\{\pm i, \pm 1\}$ festgelegt wird, sodass ein Spinor erst unter der vierten Spiegelung wieder auf sich selbst abgebildet wird [vgl. Bjorken u. Drell, 1998, S. 36].

2.2.3.2 Invarianz unter Zeitspiegelung

Als zweite diskrete Transformation wird im Folgenden die Zeitumkehr T diskutiert, die zuerst von Wigner [1932] als solche charakterisiert und systematisch beschrieben wurde. Man kann zeigen, dass T die Form

$$T\Psi(ct, \vec{x}) = \mathscr{T}\Psi^*(ct, \vec{x}) = \Psi_T(-ct, \vec{x}) \tag{2.23}$$

besitzt, wobei $\mathscr{T}$ eine unitäre Matrix ist [vgl. Wigner, 1931, S. 251-254 und Wigner, 1932, S. 553 oder Bjorken u. Drell, 1998, S. 83f.]. Aus der intuitiven Vorstellung der Zeitumkehr kann man weiterhin ableiten, dass sich die Vorzeichen der Ortskoordinaten und -ableitungen nicht ändern. Sind elektromagnetische Felder anwesend, ändert sich das Vorzeichen des durch Ströme erzeugten Vektorpotenzials $\vec{A}$, nicht jedoch des durch Ladungen erzeugten skalaren Potenzials A_0 [vgl. Bjorken u. Drell, 1998, S. 84]. Die zu $T(\Lambda)$ gehörende Transformationsmatrix Λ lautet also

$$\Lambda = \begin{pmatrix} -1 & 0 & 0 & 0 \\ 0 & 1 & 0 & 0 \\ 0 & 0 & 1 & 0 \\ 0 & 0 & 0 & 1 \end{pmatrix} = (-g^{\mu\nu}).$$

Damit transformieren sich die Ableitungen gemäß

$$\mathscr{T}\partial_\mu = -g^{\mu\mu}\partial_\mu\mathscr{T}.^{17)} \tag{2.24}$$

Mit dieser Beziehung lässt sich eine Bedingung für die Zeitumkehrinvarianz der freien Dirac-Gleichung herleiten:

$$(i\hbar\gamma^\mu\partial_\mu - mc)\,\Psi = 0$$
$$\Leftrightarrow \mathscr{T}\left[(i\hbar\gamma^\mu\partial_\mu - mc)\,\Psi\right]^* = 0$$
$$\Leftrightarrow \mathscr{T}\left(-i\hbar\,(\gamma^\mu)^*\,\mathscr{T}^{-1}\mathscr{T}\partial_\mu - mc\right)\mathscr{T}^{-1}\mathscr{T}\Psi^* = 0$$
$$\Leftrightarrow \left(-i\hbar\mathscr{T}\,(\gamma^\mu)^*\,\mathscr{T}^{-1}\mathscr{T}\partial_\mu\mathscr{T}^{-1} - mc\right)\Psi_T = 0$$
$$\overset{(2.24)}{\Leftrightarrow} \left(i\hbar\mathscr{T}\,(\gamma^\mu)^*\,\mathscr{T}^{-1}g^{\mu\mu}\partial_\mu - mc\right)\Psi_T = 0.$$

Also ist die Dirac-Gleichung invariant unter Zeitumkehr, falls die Bedingung

$$\gamma^\mu = \mathscr{T}(\Lambda)g^{\mu\mu}\,(\gamma^\mu)^*\,\mathscr{T}^{-1}(\Lambda)$$
$$\Leftrightarrow \gamma^\mu\mathscr{T}(\Lambda) = \mathscr{T}(\Lambda)g^{\mu\mu}\,(\gamma^\mu)^* \tag{2.25}$$

gilt. In der Dirac-Darstellung kann man hieraus schließen, dass $\mathscr{T}$ mit γ^0 und $\gamma^2 = -\gamma^{2*}$ vertauscht und mit γ^1 und γ^3 antivertauscht. Daher wird Gleichung (2.25) durch

$$\mathscr{T} = i\lambda_T\gamma^1\gamma^3 = -i\lambda_T\alpha_1\alpha_3 \text{ mit } |\lambda_T| = 1 \tag{2.26}$$

gelöst [vgl. Wachter, 2005, S. 138]. Mit der T- und P-Invarianz der Dirac-Gleichung folgt also, wie bereits diskutiert, auch in dieser Vorgehensweise die Invarianz unter allen Transformationen der Lorentz-Gruppe.[18]

---

[17] Auch an dieser Stelle wird nicht über μ summiert.

[18] Der Leser mag sich fragen, wieso die Lorentz-Invarianz auf diesem längeren Weg erneut gezeigt wurde, wo der Beweis doch mit Paulis Fundamentaltheorem bereits erbracht worden war. Diese berechtigte Frage wird sich hoffentlich in Abschnitt 2.5.4 auflösen, wo die explizite Form der Raum- und Zeitspiegelung zur Interpretation von Antiteilchen mit einbezogen wird.

2.2.4 Kontinuitätsgleichung und Wahrscheinlichkeitsdichte

In diesem Abschnitt wird gezeigt, dass ein zur Schrödingertheorie analoges Vorgehen bei der Dirac-Gleichung ebenfalls zu einer Kontinuitätsgleichung führt. Im Gegensatz zur Klein-Gordon-Gleichung lässt sich allerdings eine positiv definite Dichte definieren, die sich deswegen im Rahmen einer Einteilchentheorie vorläufig als Aufenthaltswahrscheinlichkeitsdichte interpretieren lässt.

Zunächst wird die Dirac-Gleichung in der Schrödinger'schen Form betrachtet:

$$i\hbar\frac{\partial\Psi}{\partial t} = \left(\frac{\hbar c}{i}\sum_{k=1}^{3}\alpha_k\frac{\partial}{\partial x^k} + \beta mc^2\right)\Psi. \tag{2.27a}$$

Der zu $\Psi = (\Psi_1, \Psi_2, \Psi_3, \Psi_4)^T$ adjungierte Spinor $\Psi^\dagger = (\Psi_1^*, \Psi_2^*, \Psi_3^*, \Psi_4^*)$ erfüllt dann die dazu adjungierte Gleichung

$$-i\hbar\frac{\partial\Psi^\dagger}{\partial t} = \Psi^\dagger\left(-\frac{\hbar c}{i}\sum_{k=1}^{3}\alpha_k\frac{\overleftarrow{\partial}}{\partial x^k} + \beta mc^2\right), \tag{2.27b}$$

wobei verwendet wurde, dass die α_k und β hermitesch sind [vgl. Messiah, 1990, S. 368f.]. Dabei ist zu beachten, dass in Gl. (2.27b) die Operatoren nach links wirken.[19] Multipliziert man Gleichung (2.27a) von links mit $\Psi^\dagger$ und (2.27b) von rechts mit Ψ und bildet anschließend die Differenz, so erhält man

$$i\hbar\left(\Psi^\dagger\frac{\partial\Psi}{\partial t} + \frac{\partial\Psi^\dagger}{\partial t}\Psi\right) = \Psi^\dagger\left(\frac{\hbar c}{i}\sum_{k=1}^{3}\alpha_k\frac{\partial}{\partial x^k} + \beta mc^2\right)\Psi$$

$$-\Psi^\dagger\left(-\frac{\hbar c}{i}\sum_{k=1}^{3}\alpha_k\frac{\overleftarrow{\partial}}{\partial x^k} + \beta mc^2\right)\Psi$$

---

[19] Die Notwendigkeit hierfür liegt in der Mathematik, denn für ein Produkt aus zwei Matrizen gilt $(AB)^T = B^T A^T$.

$$\Leftrightarrow \frac{\partial}{\partial t}(\Psi^\dagger \Psi) = -c \sum_{k=1}^{3} \left(\Psi^\dagger \alpha_k \frac{\partial \Psi}{\partial x^k} + \Psi^\dagger \alpha_k \frac{\overleftarrow{\partial}}{\partial x^k} \Psi \right)$$
$$+\Psi^\dagger \beta mc^2 \Psi - \Psi^\dagger \beta mc^2 \Psi$$

$$\Leftrightarrow \frac{\partial}{\partial t}(\Psi^\dagger \Psi) = -\sum_{k=1}^{3} \frac{\partial}{\partial x^k} \left(\Psi^\dagger c\alpha_k \Psi \right) \tag{2.28}$$

$$\Leftrightarrow \frac{\partial}{\partial t} \rho = -\vec{\nabla} \cdot \vec{j}.$$

Dies ist die Kontinuitätsgleichung mit der positiv definiten Wahrscheinlichkeitsdichte $\rho := \Psi^\dagger \Psi = \sum_{\mu=o}^{3} |\Psi_\mu|^2 \geqslant 0$ und der Wahrscheinlichkeitsstromdichte $j^k := \Psi^\dagger c\alpha_k \Psi$ mit $1 \leqslant k \leqslant 3$ [vgl. Köpp u. Krüger, 1997, S. 21].

Betrachtet man nun die Dirac-Gleichung in kovarianter Schreibweise, benötigt man eine leicht variierte Vorgehensweise, weil die γ-Matrizen nicht mehr hermitesch sind. Den Startpunkt bildet wieder die Dirac-Gleichung

$$(i\hbar\gamma^\mu \partial_\mu - mc) \Psi = 0 \tag{2.29a}$$

und ihre hermitesch adjungierte

$$\Psi^\dagger \left(-i\hbar\gamma^{\mu\dagger} \overleftarrow{\partial}_\mu - mc \right) = 0. \tag{2.29b}$$

Nun wird allerdings Gleichung (2.29a) von links mit $\Psi^\dagger \gamma^0 =: \overline{\Psi}$ [20] multipliziert und (2.29b) von rechts mit $\gamma^0 \Psi$. Die Differenz hieraus ergibt

$$\overline{\Psi} (i\hbar\gamma^\mu \partial_\mu - mc) \Psi - \Psi^\dagger \left(-i\hbar\gamma^{\mu\dagger} \overleftarrow{\partial}_\mu - mc \right) \gamma^0 \Psi = 0$$

$$\overset{(2.15)}{\Leftrightarrow} i\hbar \left(\overline{\Psi}\gamma^\mu \partial_\mu \Psi + \Psi^\dagger \gamma^0 \gamma^\mu \gamma^0 \overleftarrow{\partial}_\mu \gamma^0 \Psi \right) = 0$$

$$\Leftrightarrow \overline{\Psi}\gamma^\mu \partial_\mu \Psi + \overline{\Psi}\gamma^\mu \overleftarrow{\partial}_\mu \Psi = 0$$

$$\Leftrightarrow \partial_\mu \left(\overline{\Psi}\gamma^\mu \Psi \right) = 0,$$

---

[20] $\overline{\Psi}$ wird oft als der zu Ψ adjungierte Spinor bezeichnet, was zu Verwechslungen mit $\Psi^\dagger$ führen kann. Dann wird $\overline{\Psi} \left(-i\hbar\gamma^\mu \overleftarrow{\partial}_\mu - mc \right) = 0$ entsprechend als adjungierte Gleichung zu (2.29a) bezeichnet [vgl. Messiah, 1990, S. 370].

sodass in Äquivalenz zu (2.28) eine Stromdichte

$$j^\mu := \overline{\Psi} c \gamma^\mu \Psi = (c\rho, \vec{j}) \tag{2.30}$$

in kontravarianter Notation definiert werden kann [vgl. Messiah, 1990, S. 370]. Dass es sich bei j^μ allerdings tatsächlich um einen Vierervektor handelt, muss zuerst noch gezeigt werden:

Zunächst betrachtet man die zu γ'^μ adjungierte Matrix in I'. Wegen der Gleichungen (2.15) und (2.18) gilt

$$\gamma^0 \gamma'^\mu \gamma^0 = (\gamma'^\mu)^\dagger = \left(S^{-1}(\Lambda)\gamma^\mu S(\Lambda)\right)^\dagger$$

$$\Leftrightarrow \gamma^0 \gamma'^\mu \gamma^0 = S^\dagger(\Lambda)\gamma^0 \gamma'^\mu \gamma^0 \left(S^{-1}\right)^\dagger(\Lambda)$$

$$\Leftrightarrow \gamma'^\mu = \underbrace{\left(\gamma^0 S^\dagger(\Lambda)\gamma^0\right)}_{\sim S^{-1}} \gamma^\mu \underbrace{\left(\gamma^0 \left(S^{-1}(\Lambda)\right)^\dagger(\Lambda)\gamma^0\right)}_{\sim S(\Lambda)}. \tag{2.31}$$

Die Proportionalitäten in (2.31) stammen aus dem Vergleich mit der ersten Zeile und bedeuten Gleichheiten bis auf (zueinander reziproke) Konstanten. Man kann allerdings zeigen, dass diese Konstanten reell und positiv sind und deswegen eine reelle Wurzel besitzen [vgl. Messiah, 1990, S. 377]. Gleichzeitig ist aus Paulis Fundamentaltheorem bekannt, dass die S-Matrizen ebenfalls nur bis auf eine Konstante definiert werden, sodass man insgesamt diese Konstante so wählen kann, dass ohne Einschränkung der Allgemeinheit gilt, dass

$$S^\dagger(\Lambda) = \gamma^0 S^{-1}(\Lambda)\gamma^0. \tag{2.32}$$

Mit dieser Beziehung kann man nun das Transformationsgesetz von $\overline{\Psi}$ bestimmen:

$$\overline{\Psi}'(x') = \overline{\Psi'}(x') = \Psi'^\dagger(x')\gamma^0 = \Psi^\dagger(x)S^\dagger(\Lambda)\gamma^0 = \overline{\Psi}(x)S^{-1}(\Lambda)$$

$$\Leftrightarrow \overline{\Psi'}(x')S(\Lambda) = \overline{\Psi}(x).$$

Damit lässt sich nun das Transformationsverhalten von j^μ nachrechnen [vgl. Messiah, 1990, S. 378]:

$$j'^\mu(x') = \overline{\Psi}'c\gamma^\mu\Psi' = c\overline{\Psi}S^{-1}(\Lambda)\gamma^\mu S(\Lambda)\Psi = \Lambda^\mu{}_\nu\left(\overline{\Psi}c\gamma^\nu\Psi\right)$$
$$= \Lambda^\mu{}_\nu j^\nu(x).$$

Also transformieren sich die j^μ wie Komponenten eines Lorentz-kontravarianten Vierervektors, oder genauer: Vierervektorfeldes, und die Kontinuitätsgleichung $\partial'_\mu j'^\mu(x') = \partial_\mu j^\mu(x) = 0$ ist als (Wahrscheinlichkeits-) „Stromerhaltung" eine Lorentz-invariante Aussage [Köpp u. Krüger, 1997, S. 29].

2.2.5 Beschreibung des Spins in der Dirac-Theorie

Die Frage, ob der Spin von Elektronen in der Dirac-Theorie korrekt beschrieben wird, kann auf die Suche nach der konkreten Form des ‚korrekten' Spinoperators zugespitzt werden. Dieses zweite und weiter reichende Problem wird dabei insofern erschwert, als dass es verschiedene Ansätze für einen solchen Spinoperator gibt, die man für befriedigend oder unbefriedigend empfinden kann, je nachdem welche Eigenschaften man von einem relativistischen Spinoperator fordert. In dieser Arbeit wird nur ein solcher Vorschlag diskutiert, der zwar die ursprüngliche Frage beantwortet, aber nicht als vollends befriedigendes Ergebnis der zweiten Frage gelten kann.

Während für spinlose Teilchen der Bahndrehimpuls $\vec{L}$ eine Erhaltungsgröße ist, erwartet man für Teilchen mit Spin, dass der Gesamtdrehimpuls $\vec{J} = \vec{L} + \vec{S}$ erhalten bleibt. Da für eine Konstante der Bewegung $\vec{J}$ gelten muss, dass $[H, \vec{J}] = 0$, ist es bei der Suche nach $\vec{S}$ sinnvoll, zunächst die Vertauschungsrelation von $H = c\alpha_k p_k + mc^2\beta$ und $\vec{L} = \vec{x} \times \vec{p}$ [21] zu betrachten [vgl. Stepanow, 2010, S. 16]:[22]

$$[H, \vec{L}] = -i\hbar c\epsilon_{klm}\alpha_k p_l \hat{e}_m. \tag{2.33}$$

---

[21] $\vec{p} = -i\hbar\vec{\nabla}$ ist als Impulsoperator zu lesen und wird mit Vektorpfeil notiert, um eine Verwechslung mit dem Vierervektor p zu vermeiden.

[22] Die Schritte bei der Berechnung der folgenden Kommutatoren sind im Anhang auf Seite 131 zu finden.

Man kann sich nun daran erinnern, wie die α_i aus Pauli-Matrizen aufgebaut sind und deshalb $\Sigma_k = \begin{pmatrix} \sigma_k & 0 \\ 0 & \sigma_k \end{pmatrix}$[23] für $k \in \{1,2,3\}$ betrachten, also die vierdimensionale Fortsetzung der zweidimensionalen Pauli-Matrizen. Mit Hilfe der Produkte und Vertauschungsrelationen (A.6) der σ_j erhält man dann den Kommutator

$$[H, \Sigma_l] = 2ic\epsilon_{jkl}\alpha_j p_k. \tag{2.34}$$

Bei einem Vergleich von (2.33) und (2.34) wird dann deutlich, dass

$$[H, \vec{L} + \frac{\hbar}{2}\vec{\Sigma}] = 0.$$

Also ist

$$\vec{J} = \vec{L} + \frac{\hbar}{2}\vec{\Sigma}$$

eine sinnvolle Wahl für den Gesamtdrehimpulsoperator und

$$S_k := \frac{\hbar}{2}\Sigma_k = \frac{\hbar}{2}\begin{pmatrix} \sigma_k & 0 \\ 0 & \sigma_k \end{pmatrix} \qquad \text{für } k \in \{1,2,3\} \tag{2.35}$$

demnach ein Kandidat für den Spinoperator [vgl. Stepanow, 2010, S. 17].

Das für die Betrachtungen an dieser Stelle der Arbeit eigentlich Wichtige ist jedoch das Eigenwertspektrum der Σ_k. Alle σ_k haben jeweils die Eigenwerte ± 1, die sie auf ihre Σ_k vererben, woran man wiederum erkennen kann, dass die Dirac-Gleichung Fermionen mit Spin $\frac{\hbar}{2}$ beschreibt.

Die obige ‚Herleitung' des Spinoperators ist übersichtlich und leicht nachzuvollziehen, weshalb es für vertretbar gehalten wird sie durchzu-

---

[23] Häufig findet sich in der Literatur die Notation

$$\Sigma_k = \frac{i}{2}[\gamma^i, \gamma^j] = -\frac{i}{2}[\alpha_i, \alpha_j] = \epsilon_{ijk}\begin{pmatrix} \sigma_k & 0 \\ 0 & \sigma_k \end{pmatrix} =: \sigma_{ij}$$

[vgl. Itzykson u. Zuber, 2005, S. 52], wobei zu beachten ist, dass $\sigma_{ij} = \sigma^{ij}$, weshalb sich Σ_k nicht über den metrischen Tensor transformieren kann und es eine reine Notationsfrage ist, ob tief- oder hochgestellte Indizes benutzt werden [vgl. Köpp u. Krüger, 1997, S. 31].

führen, obwohl sie sprichwörtlich nur die ,halbe Wahrheit' widerspiegelt. Diese oder ähnliche Vorgehensweisen zur Bestimmung des Spinoperators und dessen Eigenwerten finden sich zwar in verschiedenen Lehrbüchern [vgl. Dirac, 1989, S. 266f.; Dyson, 2014, S. 15f.; Stepanow, 2010, S. 16f.; Schwabl, 2005, S. 159f.],[24] allerdings ist $\frac{\hbar}{2}\vec{\Sigma}$ nur im Ruhesystem ein guter Spinoperator, denn die Existenz negativ-energetischer Lösungen der Dirac-Gleichung - die in den kommenden Kapiteln gezeigt und näher untersucht werden wird - erfordert, dass der Spinoperator mit $\gamma^\mu p_\mu$ vertauscht. Das ist bei $\vec{\Sigma}$ nicht der Fall und stattdessen gilt

$$[\Sigma_j, \gamma_\mu] = i\epsilon_{jkl}\left(\gamma_k g_{l\mu} - \gamma_l g_{k\mu}\right) \neq 0$$

[vgl. Ryder, 2005, S. 55f.]. Caban u. a. [vgl. 2013, S. 6] weisen darauf hin, dass $\frac{\hbar}{2}\vec{\Sigma}$ als Spinoperator positiv-energetische Lösungen in solche mit negativen Energien (und umgekehrt) überführen könnte und selbst seine Projektion auf Zustände positiver Energie der Forderung nach der Isotropie des Raums widerspricht. Für die Eigenwerte der Projektion eines Spinoperators in eine beliebige Richtung gilt nämlich nicht, dass sie unabhängig von dieser Richtung sind.[25]

2.3 Lösungen der freien Dirac-Gleichung

Der letzte Abschnitt beschäftigte sich damit, die Dirac-Gleichung in ihrer Form herzuleiten und dadurch zu rechtfertigen, dass sie im Rahmen einer Einteilchentheorie, bis auf eine Ausnahme, nicht mehr unter den Problemen und Inkonsistenzen leidet, an denen die Klein-Gordon-Gleichung bei der Anwendung auf das Elektron gescheitert ist. Ein entscheidender

---

[24] Andere gehen den Weg über die Erzeugenden der Poincaré-Gruppe P^μ (Translationen) und $M^{\mu\nu}$ (Spezielle Transformationen und Drehungen) und definieren den „relativistische[n] Spinvektor" von Pauli und Lubanski $W_\sigma = \frac{1}{2}\epsilon_{\mu\nu\rho\sigma}M^{\mu\nu}P^\rho$ [vgl. Stepanow, 2010, S. 56 und vgl. Scheck, 2007a, S. 53-59], der sich im Ruhesystem abgesehen von einer Konstanten auf (2.35) reduziert [vgl. Itzykson u. Zuber, 2005, S. 58]. Aber auch dies liefert noch keinen korrekten Spinoperator [vgl. Ryder, 2005, S. 62f.].

[25] In ihrem Artikel leiten Caban u. a. [2013] verschiedene Kandidaten für den Spinoperator eines Dirac-Teilchens her und vergleichen sie anhand bestimmter Kriterien mit diversen Operatoren aus der Literatur. Ryder [vgl. 2005, S. 63] verweist den interessierten Leser zudem auf Gürsey [in: DeWitt u. Jacob, 1965].

Punkt, der bislang nicht ausgeräumt werden konnte und erst im Rahmen einer Quantisierung endgültig befriedigend gelöst werden kann, dreht sich um die Lösungen mit negativer Energie. In diesem Abschnitt soll jedoch zunächst ein Lösungsansatz für die Dirac-Gleichung entwickelt werden, bevor die Lösungen, insbesondere die mit negativen Energien, im kommenden Abschnitt interpretiert werden.

Da die Komponenten des Spinors Ψ die Klein-Gordon-Gleichung lösen müssen, kann man den Produktansatz

$$\Psi = U e^{-ik \cdot x} \tag{2.36}$$

aus einem orts- und zeitunabhängigen Viererspinor $U(p)$ und einer ebenen Wellenfunktion $e^{-ik \cdot x} = e^{i\vec{k}\cdot\vec{x} - \omega t} = e^{i\frac{\vec{p}\cdot\vec{x} - Et}{\hbar}}$ wählen, denn aus Abschnitt 2.1 ist bekannt, dass ebene Wellen die Klein-Gordon-Gleichung lösen. Man sieht sofort, dass (2.36) Eigenspinoren des Impuls- und damit auch des Hamiltonoperators sind. Da die Energie der Eigenwert des Hamiltonoperators ist, reduziert sich die Dirac-Gleichung durch Einsetzen von (2.36) also zu

$$i\hbar\frac{\partial}{\partial t}\left(U e^{i(\vec{k}\cdot\vec{x} - \omega t)}\right) = \left(c\alpha_k p_k + mc^2\beta\right) U e^{i(\vec{k}\cdot\vec{x} - \omega t)} = EU e^{i(\vec{k}\cdot\vec{x} - \omega t)}$$

$$\Leftrightarrow \left(c\alpha_k p_k + mc^2\beta\right) U = EU. \tag{2.37}$$

Nun wird versucht, U näher zu bestimmen. Die Zusammensetzung der 4×4-Dirac-Matrizen aus 2×2-Blockmatrizen gemäß Gleichung (2.11) legt nahe, den Viererspinor U als Bispinor zu betrachten, der aus zwei Spinoren mit je zwei Komponenten besteht:

$$U = \begin{pmatrix} \varphi \\ \chi \end{pmatrix} = \begin{pmatrix} \varphi_1 \\ \varphi_2 \\ \chi_1 \\ \chi_2 \end{pmatrix}.^{26)} \tag{2.38}$$

Damit wird Gleichung (2.37) zu

$$\begin{pmatrix} (mc^2 - E)\, \mathbb{1} & c\sigma_k p_k \\ c\sigma_k p_k & -(mc^2 + E)\, \mathbb{1} \end{pmatrix} \begin{pmatrix} \varphi \\ \chi \end{pmatrix} = \begin{pmatrix} 0 \\ 0 \end{pmatrix}$$

$$\Leftrightarrow \begin{pmatrix} (mc^2 - E)\, \varphi & + & cp_k\sigma_k\chi \\ cp_k\sigma_k\varphi & - & (mc^2 + E)\, \chi \end{pmatrix} = \begin{pmatrix} 0 \\ 0 \end{pmatrix} \qquad (2.39)$$

$$\Leftrightarrow \begin{pmatrix} (mc^2 - E)\, \varphi & + & cp_k\sigma_k\chi \\ \dfrac{cp_k\sigma_k}{mc^2 + E}\varphi & & \end{pmatrix} = \begin{pmatrix} 0 \\ \chi \end{pmatrix}$$

$$\Leftrightarrow \begin{pmatrix} \left((mc^2 - E)\, \mathbb{1} + \dfrac{c^2 p_k p_l \sigma_k \sigma_l}{E + mc^2} \right) \varphi \\ \dfrac{cp_k\sigma_k}{mc^2 + E}\varphi \end{pmatrix} = \begin{pmatrix} 0 \\ \chi \end{pmatrix} \qquad (2.40)$$

[vgl. Rebhan, 2010, S. 20]. Man betrachte nun die Doppelsumme in der ersten Zeile von (2.40):

$$p_k\sigma_k p_l\sigma_l = \underbrace{\sigma_k\sigma_l}_{\delta_{kl}\mathbb{1}+i\epsilon_{jkl}\sigma_j}\, p_k p_l = p_k^2\mathbb{1} + i\, \underbrace{\epsilon_{jkl}}_{=-\epsilon_{jlk}}\, \sigma_j\, \underbrace{p_k p_l}_{=p_l p_k} = |\vec{p}|^2\mathbb{1}.$$

$$\underbrace{\phantom{\epsilon_{jkl}\sigma_j p_k p_l}}_{=0}$$

Daher ist die erste Zeile in (2.40) äquivalent zu

$$\left((mc^2 - E)\, \mathbb{1} + \frac{c^2 |\vec{p}|^2}{E + mc^2}\mathbb{1} \right) \varphi = 0$$

$$\overset{\varphi\neq 0}{\Leftrightarrow} mc^2 - E + \frac{c^2 |\vec{p}|^2}{E + mc^2} = 0$$

$$\Leftrightarrow c^2 |\vec{p}|^2 = E^2 - m^2 c^4$$

$$\Leftrightarrow E = \pm \sqrt{c^2\vec{p}^2 + m^2 c^4} =: \pm E_p, \qquad (2.41)$$

---

[26] In der Literatur werden φ und χ häufig als ‚große‘, beziehungsweise ‚kleine‘ Komponente bezeichnet, was im Rahmen des nichtrelativistischen Grenzfalls noch verständlich wird.

wobei E_p positiv ist [vgl. Stepanow, 2010, S. 31].[27] Dirac konnte mit seinem Ansatz das Problem der negativen Energien also nicht lösen, deshalb bezeichnete er seine Theorie ursprünglich als „an approximation, but [...] good enough" [Dirac, 1928, S. 612], um andere entscheidende Probleme der Klein-Gordon-Gleichung zu beheben.

Man kann den Ansatz (2.36) nun also verfeinern, indem man zwischen Lösungen mit positiver Energie $\Psi^{(+)}$ und solchen mit negativer Energie $\Psi^{(-)}$ unterscheidet. Da für $E = -mc^2$ der Ausdruck für χ in (2.40) jedoch problematisch erscheint, ist es sinnvoll die Rolle von $U(p)$ durch die Spinoren $u(p)$ sowie $v(p)$ zu besetzen. Dabei wird $u(p)$ durch den Spinor φ und $v(p)$ durch χ ausgedrückt:

$$\Psi^{(+)}(x) = u(p)e^{-ik\cdot x},$$
$$\Psi^{(-)}(x) = v(p)e^{+ik\cdot x}.$$

Man beachte, dass im Vergleich zu (2.36) der Lösung mit negativer Energie nun der Impuls $-\vec{p}$ zugeschrieben wird. Der zugehörige Spinor wird dennoch mit $v(p)$ notiert.

Löst man die erste Zeile in (2.39) nach φ auf, so erhält man (für $E = -E_p$, das heißt $p = (-\frac{E_p}{c}, -\vec{p})$)

$$\varphi = \frac{c(-p_k)\sigma_k}{-E_p - mc^2}\chi = \frac{cp_k\sigma_k}{E_p + mc^2}\chi. \tag{2.42}$$

---

[27] Hier wurde gezeigt, dass die simultane Gültigkeit beider Zeilen von (2.40) äquivalent mit der relativistischen Energie-Impulsbeziehung (2.41) ist. Letztere hat wiederum die Bedeutung einer Dispersionsrelation. Umgekehrt hätte man auch (2.41) voraussetzen und damit die Äquivalenz der beiden Zeilen von (2.40) zeigen können: $\varphi = \frac{cp_k\sigma_k}{E - mc^2}\chi \Leftrightarrow \frac{cp_j\sigma_j}{E + mc^2}\varphi = \frac{c^2 p_j p_k \sigma_j \sigma_k}{E^2 - m^2c^4}\chi = \frac{(\vec{p}c)^2}{(\vec{p}c)^2}\chi$ [vgl. Beresteckij u. a., 1991, S. 80].

Durch Einsetzen von (2.42) und der zweiten Zeile von (2.40) in Gleichung
(2.38) erhält man für $u(p)$ und $v(p)$ die Ausdrücke

$$u(p) = \begin{pmatrix} \varphi \\ \dfrac{cp_k\sigma_k}{E_p + mc^2}\varphi \end{pmatrix}, \qquad (2.43)$$

$$v(p) = \begin{pmatrix} \dfrac{cp_k\sigma_k}{E_p + mc^2}\chi \\ \chi \end{pmatrix} \qquad (2.44)$$

[vgl. Stepanow, 2010, S. 32]. Diese Spinoren sind noch nicht normiert,
aber zunächst lohnt es sich, erneut auf die Rolle des Spins zurückzukommen.

2.3.1 Charakterisierung der Ebene-Wellen-Lösungen nach Energie, Impuls und Spin

Um die Lösungen der freien Teilchen nach ihrem Spin kategorisieren zu
können, definiert man den Helizitätsoperator

$$I_p = \frac{\vec{p}}{|\vec{p}|} \cdot \vec{\Sigma}, \qquad (2.45)$$

welcher (in Einheiten von $\frac{\hbar}{2}$) die Projektion des Spins auf die Impulsrichtung angibt. Diese sogenannte Helizität ist für freie Teilchen eine
Erhaltungsgröße[28], denn [vgl. (2.34)]

$$\begin{aligned}
[H, I_p] &= \left[c\alpha_j p_j + mc^2\beta, \frac{p_k}{|\vec{p}|}\Sigma_k\right] \\
&= \frac{c}{|\vec{p}|}[\alpha_j p_j, p_k\Sigma_k] = \frac{c}{|\vec{p}|}p_j p_k[\alpha_j, \Sigma_k] \\
&= \frac{c}{|\vec{p}|}i\underbrace{\underbrace{\epsilon_{jkl}}_{=-\epsilon_{kjl}}\underbrace{p_j p_k}_{=p_k p_j}}_{=0}\alpha_l = 0.
\end{aligned}$$

---

[28] Dies gilt allerdings nur für ein bestimmtes Bezugssystem. Die Helizität ist keine
Lorentz-Invariante und wird beispielsweise invertiert, wenn man in ein Bezugssystem wechselt, in dem sich das Teilchen mit entgegengesetztem Impuls bewegt.

Wegen der Eigenschaften (A.6) gilt

$$I_p^2 = \frac{p_j p_k}{|\vec{p}|^2} \Sigma_j \Sigma_k = \frac{p_j p_k}{|\vec{p}|^2} \begin{pmatrix} \sigma_j \sigma_k & 0 \\ 0 & \sigma_j \sigma_k \end{pmatrix} = \mathbb{1}.$$

Die beiden Eigenwerte von I_p lauten daher $\lambda = \pm 1$ und sie korrespondieren mit den möglichen Spin-Projektionen $\pm\frac{\hbar}{2}$ auf die Ausbreitungsrichtung des Fermions [vgl. Stepanow, 2010, S. 32f.].

Wenn Gleichung (2.41) erfüllt ist, kann φ in (2.40) frei gewählt werden [vgl. Rebhan, 2010, S. 21f.]. Man wählt daher zu $\lambda \in \{+1, -1\}$ zwei zueinander orthonormale $\phi^{(\lambda)}$, beziehungsweise $\psi^{(\lambda)}$, als Eigenspinoren zu $\frac{p_j}{|\vec{p}|}\sigma_j$ mit Eigenwert λ, also

$$\frac{p_j}{|\vec{p}|}\sigma_j \phi^{(\pm 1)} = \pm\, \phi^{(\pm 1)}, \tag{2.46a}$$

$$\frac{p_j}{|\vec{p}|}\sigma_j \psi^{(\pm 1)} = \pm\, \psi^{(\pm 1)}. \tag{2.46b}$$

Die zugehörigen Viererspinoren $u^{(\lambda)}(p)$[29] und $v^{(\lambda)}(p)$ schreibt man dabei aus Gründen der Normierung in der Form

$$u^{(\lambda)}(p) = \frac{\sqrt{E_p + mc^2}}{\sqrt{2mc^2}} \begin{pmatrix} \phi^{(\lambda)} \\ \dfrac{cp_k \sigma_k}{E_p + mc^2}\phi^{(\lambda)} \end{pmatrix}$$

$$= \frac{1}{\sqrt{2mc^2}} \begin{pmatrix} \sqrt{E_p + mc^2}\,\phi^{(\lambda)}, \\ \dfrac{cp_k \sigma_k}{\sqrt{E_p + mc^2}}\phi^{(\lambda)} \end{pmatrix}, \tag{2.47a}$$

$$v^{(\lambda)}(p) = \frac{\sqrt{E_p + mc^2}}{\sqrt{2mc^2}} \begin{pmatrix} \dfrac{cp_k \sigma_k}{E_p + mc^2}\psi^{(\lambda)} \\ \psi^{(\lambda)} \end{pmatrix}$$

$$= \frac{1}{\sqrt{2mc^2}} \begin{pmatrix} \dfrac{cp_k \sigma_k}{\sqrt{E_p + mc^2}}\psi^{(\lambda)} \\ \sqrt{E_p + mc^2}\psi^{(\lambda)} \end{pmatrix}. \tag{2.47b}$$

---

[29] Diese Spinoren werden im Folgenden zur besseren begrifflichen Unterscheidbarkeit als ‚Amplituden' bezeichnet

Mit der konkreten Wahl der Zweierspinoren $\phi^{(\lambda)}$ und $\psi^{(\lambda)}$ erreicht man, dass $u^{(\lambda)}$ und $v^{(\lambda)}$ Eigenspinoren des Helizitätsoperators werden, denn aus den Gleichungen (2.46) folgen direkt die Beziehungen

$$
\begin{aligned}
I_p u^{(\lambda)}(p) &= \frac{\sqrt{E_p + mc^2}}{\sqrt{2mc^2}\,|\vec{p}|} \begin{pmatrix} p_j\sigma_j & 0 \\ 0 & p_j\sigma_j \end{pmatrix} \begin{pmatrix} \phi^{(\lambda)} \\ \dfrac{cp_k\sigma_k}{E_p + mc^2}\phi^{(\lambda)} \end{pmatrix} \\
&= \frac{\sqrt{E_p + mc^2}}{\sqrt{2mc^2}\,|\vec{p}|} \begin{pmatrix} \lambda|\vec{p}|\phi^{(\lambda)} \\ p_j\sigma_j\,\dfrac{c|\vec{p}|}{E_p + mc^2}\lambda\phi^{(\lambda)} \end{pmatrix} \\
&= \lambda u^{(\lambda)}(p), & \text{(2.48a)}
\end{aligned}
$$

$$
\begin{aligned}
I_p v^{(\lambda)}(p) &= \frac{\sqrt{E_p + mc^2}}{\sqrt{2mc^2}\,|\vec{p}|} \begin{pmatrix} p_j\sigma_j & 0 \\ 0 & p_j\sigma_j \end{pmatrix} \begin{pmatrix} \dfrac{cp_k\sigma_k}{E_p + mc^2}\psi^{(\lambda)} \\ \psi^{(\lambda)} \end{pmatrix} \\
&= \frac{\sqrt{E_p + mc^2}}{\sqrt{2mc^2}\,|\vec{p}|} \begin{pmatrix} p_j\sigma_j\,\dfrac{c|\vec{p}|}{E_p + mc^2}\lambda\psi^{(\lambda)} \\ \lambda|\vec{p}|\psi^{(\lambda)} \end{pmatrix} \\
&= \lambda v^{(\lambda)}(p). & \text{(2.48b)}
\end{aligned}
$$

Bevor die Diskussion fortschreitet und die Lösungen nach Energie, Impuls und Helizität charakterisiert werden, ist es wichtig, einen Moment innezuhalten und die Aufmerksamkeit noch einmal auf Gleichung (2.48b) zu lenken. Die Spinoren $v^{(\lambda)}(p)$ gehören zu Teilchen mit Impuls $-\vec{p}$, während der Helizitätsoperator sich explizit auf die Richtung von $\vec{p}$ bezieht. Deswegen beschreibt der mit $v^{(\lambda)}(p)$ notierte Spinor ein Teilchen mit Helizität $-\lambda$.

Damit erhält man für die Lösungen mit Energie $\pm E_p$, Impuls $\pm\vec{p}$ und Helizität $\pm\lambda$ die Form

$$
\Psi_{p,\lambda}^{(+)}(x) = \frac{1}{\sqrt{2mc^2}} \begin{pmatrix} \sqrt{E_p + mc^2}\,\phi^{(\lambda)} \\ \dfrac{cp_k\sigma_k}{\sqrt{E_p + mc^2}}\phi^{(\lambda)} \end{pmatrix} e^{-ik\cdot x}, \qquad \text{(2.49a)}
$$

$$
\Psi_{p,\lambda}^{(-)}(x) = \frac{1}{\sqrt{2mc^2}} \begin{pmatrix} \dfrac{cp_k\sigma_k}{\sqrt{E_p + mc^2}}\psi^{(\lambda)} \\ \sqrt{E_p + mc^2}\,\psi^{(\lambda)} \end{pmatrix} e^{+ik\cdot x}. \qquad \text{(2.49b)}
$$

Sie werden häufig auch in einer äquivalenten Form angegeben:

$$\Psi_{p,\lambda}^{(+)}(x) = \frac{1}{\sqrt{2mc^2}\sqrt{E_p + mc^2}} \left(\begin{array}{c} \left(E_p + mc^2\right)\phi^{(\lambda)} \\ cp_k\sigma_k\phi^{(\lambda)} \end{array} \right) e^{-ik\cdot x}$$

$$= \underbrace{\left(\left(\begin{array}{cc} \mathbb{1} & 0 \\ 0 & -\mathbb{1} \end{array} \right)\frac{E_p}{c} + \left(\begin{array}{cc} 0 & \sigma_k \\ -\sigma_k & 0 \end{array} \right)(-p_k) + \mathbb{1}mc \right)}_{=\gamma^\mu p_\mu} \left(\begin{array}{c} \phi^{(\lambda)} \\ 0 \\ 0 \end{array} \right)$$

$$\times \frac{ce^{-ik\cdot x}}{\sqrt{2mc^2(E_p + mc^2)}}$$

$$= \frac{c\gamma^\mu p_\mu + \mathbb{1}mc^2}{\sqrt{2mc^2(E_p + mc^2)}} \left(\begin{array}{c} \phi^{(\lambda)} \\ 0 \\ 0 \end{array} \right) e^{-ik\cdot x}$$

$$= \underbrace{\frac{c\slashed{p} + mc^2\mathbb{1}}{\sqrt{2mc^2(E_p + mc^2)}} \underbrace{\left(\begin{array}{c} \phi^{(\lambda)} \\ 0 \\ 0 \end{array} \right)}_{=:u^{(\lambda)}(mc^2, 0)} e^{-ik\cdot x}}_{=u^{(\lambda)}(p)} \ ^{30)} \qquad (2.50a)$$

und mit analoger Rechnung gilt

$$\Psi_{p,\lambda}^{(-)}(x) = \frac{1}{\sqrt{2mc^2}\sqrt{E_p + mc^2}} \left(\begin{array}{c} cp_k\sigma_k\psi^{(\lambda)} \\ \left(E_p + mc^2\right)\psi^{(\lambda)} \end{array} \right) e^{ik\cdot x}$$

$$= \left(\left(\begin{array}{cc} \mathbb{1} & 0 \\ 0 & -\mathbb{1} \end{array} \right)\frac{-E_p}{c} + \left(\begin{array}{cc} 0 & \sigma_k \\ -\sigma_k & 0 \end{array} \right)(+p_k) + \mathbb{1}mc \right) \left(\begin{array}{c} 0 \\ 0 \\ \psi^{(\lambda)} \end{array} \right)$$

$$\times \frac{ce^{ik\cdot x}}{\sqrt{2mc^2(E_p + mc^2)}}$$

$$= \underbrace{\frac{-c\slashed{p} + mc^2\mathbb{1}}{\sqrt{2mc^2(E_p + mc^2)}} \underbrace{\left(\begin{array}{c} 0 \\ 0 \\ \psi^{(\lambda)} \end{array} \right)}_{=:v^{(\lambda)}(mc^2, 0)} e^{ik\cdot x}}_{=v^{(\lambda)}(p)} \qquad (2.50b)$$

[vgl. Itzykson u. Zuber, 2005, S. 56], wobei sich das Vorzeichen aus der Tatsache ergibt, dass Teilchen mit negativer Energie der Viererimpuls $p = (-\frac{E_p}{c}, -\vec{p})$ zugeschrieben wird.[31] Die Identifikation von $u^{(\lambda)}(mc^2, 0)$ und $v^{(\lambda)}(mc^2, 0)$ als Amplituden der Lösungen in deren Ruhesystem ergeben sich direkt aus dem Übergang $\vec{p} \mapsto 0$, bei dem sich die Brüche in (2.50) wegkürzen.[32]

Wegen $\gamma^{\mu\dagger}\gamma^0 p_\mu = \gamma^0\gamma^\mu p_\mu$ lauten die zu (2.50) adjungierten Lösungen

$$\overline{\Psi}_{p,\lambda}^{(+)}(x) = e^{ik\cdot x}\underbrace{u^{(\lambda)\dagger}(mc^2,0)\gamma^0\frac{c\slashed{p}+mc^2\mathbb{1}}{\sqrt{2mc^2(E_p+mc^2)}}}_{=\overline{u}^{(\lambda)}(p)}, \qquad (2.51a)$$

$$\overline{\Psi}_{p,\lambda}^{(-)}(x) = e^{-ik\cdot x}\underbrace{v^{(\lambda)\dagger}(mc^2,0)\gamma^0\frac{-c\slashed{p}+mc^2\mathbb{1}}{\sqrt{2mc^2(E_p+mc^2)}}}_{=\overline{v}^{(\lambda)}(p)}. \qquad (2.51b)$$

Bevor die Orthonormalitäts- und Vollständigkeitsrelationen für diesen Satz von Lösungen bewiesen werden, mag es der Anschauung (und dem Verständnis der Literatur) dienlich sein, sich die konkrete Form der obigen Lösungen für zwei Spezialfälle zu verdeutlichen. Zunächst werden die Lösungen auf den in der Literatur oft präsentierten Fall reduziert, wo

---

[30] $\slashed{p} := \gamma^\mu p_\mu$, diese Notation wird als „Feynman-Slash" bezeichnet.

[31] In der Literatur finden sich verschiedene Notationen für den Impuls der Lösung negativer Energien. Stepanow [vgl. 2010, S. 35] notiert eine Lösung mit negativer Energie, die den Viererimpuls $(-\frac{E_p}{c}, -\vec{p})$ und Helizität λ besitzt, durch $\Psi_{E_p,\vec{p},\lambda}^{(-)}$, wogegen Gross [vgl. 1999, S. 125] sie mit $\Psi_{-p,-s}^{(-)}$ schreibt. Dabei bezeichnet s den Spin. Diese verschiedenen Konventionen setzen sich in Unterschieden der Notation bei nachfolgender Diskussion der Ladungskonjugation und Interpretation der Lösungen negativer Energien fort.

[32] Es wäre also auch möglich gewesen, diese Ruhelösungen explizit herzuleiten und durch Multiplikation mit $\frac{\pm c\slashed{p}+mc^2\mathbb{1}}{\sqrt{2mc^2(E_p+mc^2)}}$ aus dem Ruhesystem in ein bewegtes zu transformieren [vgl. Itzykson u. Zuber, 2005, S. 55f. und Schwabl, 2005, S. 148]. Äquivalent dazu hätte man die Transformationsmatrix S mit Gleichung (2.18) bestimmen können und die Ruhelösung durch eine Lorentz-Transformation in das bewegte System ‚geboostet' [vgl. Bjorken u. Drell, 1998, S. 39ff. und Ryder, 2005, S. 48f.].

der Impuls in Richtung der z-Achse weist. Anschließend werden davon ausgehend die Ruhelösungen abgeleitet.

Zeigt $\vec{p}$ in z-Richtung, lautet der Helizitätsoperator

$$I_p = \Sigma_3 = \begin{pmatrix} \sigma_3 & 0 \\ 0 & \sigma_3 \end{pmatrix}. \tag{2.52}$$

Die einfachste Wahl der Spinoren $\phi^{(\lambda)}$ und $\psi^{(\lambda)}$ lautet dann

$$\phi^{(+1)} = \begin{pmatrix} 1 \\ 0 \end{pmatrix} = \psi^{(+1)}, \tag{2.53a}$$

$$\phi^{(-1)} = \begin{pmatrix} 0 \\ 1 \end{pmatrix} = \psi^{(-1)} \tag{2.53b}$$

und als vier Lösungen erhält man damit

$$\Psi_{p,+1}^{(+)}(x) = \frac{\sqrt{E_p + mc^2}}{\sqrt{2mc^2}} \begin{pmatrix} 1 \\ 0 \\ \dfrac{cp_3}{E_p + mc^2} \\ 0 \end{pmatrix} e^{-ik \cdot x}, \text{ für } E = E_p \text{ und Spin } \uparrow,$$

$$\tag{2.54a}$$

$$\Psi_{p,-1}^{(+)}(x) = \frac{\sqrt{E_p + mc^2}}{\sqrt{2mc^2}} \begin{pmatrix} 0 \\ 1 \\ 0 \\ \dfrac{-cp_3}{E_p + mc^2} \end{pmatrix} e^{-ik \cdot x}, \text{ für } E = E_p \text{ und Spin } \downarrow,$$

$$\tag{2.54b}$$

$$\Psi_{p,+1}^{(-)}(x) = \frac{\sqrt{E_p + mc^2}}{\sqrt{2mc^2}} \begin{pmatrix} \dfrac{cp_3}{E_p + mc^2} \\ 0 \\ 1 \\ 0 \end{pmatrix} e^{ik \cdot x}, \text{ für } E = -E_p \text{ und Spin } \uparrow,$$

$$\tag{2.54c}$$

sowie

$$\Psi_{p,-1}^{(-)}(x) = \frac{\sqrt{E_p + mc^2}}{\sqrt{2mc^2}} \begin{pmatrix} 0 \\ -cp_3 \\ \overline{E_p + mc^2} \\ 0 \\ 1 \end{pmatrix} e^{ik\cdot x}, \text{ für } E = -E_p \text{ und Spin } \downarrow$$

$$(2.54d)$$

[vgl. Messiah, 1990, S. 398].[33]

2.3.2 Orthonormalitäts- und Vollständigkeitsrelationen

Aus der konkreten Wahl der Normierung ergeben sich damit die Orthonormalitätsrelationen[34]

$$\overline{u}^{(\lambda)}(p)u^{(\lambda')}(p) = \delta_{\lambda\lambda'}, \tag{2.55a}$$

$$\overline{v}^{(\lambda)}(p)v^{(\lambda')}(p) = -\delta_{\lambda\lambda'}, \tag{2.55b}$$

und

$$\overline{u}^{(\lambda)}(p)v^{(\lambda')}(p) = 0, \tag{2.55c}$$

$$\overline{v}^{(\lambda)}(p)u^{(\lambda')}(p) = 0 \tag{2.55d}$$

[vgl. Schwabl, 2005, S. 150f.]. Das bedeutet jedoch (noch) nicht, dass die Lösungen positiver und negativer Energien orthogonal zueinander

---

[33] Man beachte, dass Messiah [vgl. 1990, S. 398] explizit die Spinorkomponenten für Wellen mit Impuls $\vec{p} = (0,0,p_3)$ angibt, während in dieser Arbeit in den Gleichungen (2.54c) und (2.54d) die Lösungen für Wellen mit Impuls $-\vec{p} = (0,0,-p_3)$ beschrieben werden. Der physikalische Inhalt ist also trotz der verschiedenen Vorzeichen des Impulses derselbe wie in der Literatur und der scheinbare Unterschied hängt mit der hier gewählten Notation zusammen, dass $\Psi_{p,\lambda}^{(-)}$ ein Teilchen mit Impuls $-\vec{p}$ und Helizität $-\lambda$ beschreiben soll.
Außerdem kann sich die Normierungskonstante beim Vergleich verschiedener Quellen unterscheiden: Während bei Messiah [vgl. 1990, S. 398] auf $u^\dagger u = 1$ normiert wird, folgt diese Arbeit Itzykson u. Zuber [vgl. 2005, S. 57], die eine Normierung auf $\overline{u}^{(\lambda)}u^{(\lambda)} = \delta_{\lambda\lambda'}$ vorziehen. Ein Argument für dieses Vorgehen ist aus Unterabschnitt 2.3.3 ersichtlich.

[34] Die Beispielrechnungen für Gleichung (2.55a) und (2.55c) werden auf Seite 133 ausgeführt.

stehen, schließlich sind $u(p)$ und $v(p)$ die Amplituden von Lösungen positiver beziehungsweise negativer Energie mit *entgegengesetzten* Impulsvektoren.

Um die Orthogonalität entgegengesetzt-energetischer Lösungen *mit gleichen Impulsen* zu beweisen, ist es zunächst hilfreich zu bemerken, dass

$$(c\not{p} - mc^2)u^{(\lambda)}(p) \overset{(2.50a)}{=} 0 \Rightarrow u^{(\lambda)}(p) = \frac{c\not{p}}{mc^2}u^{(\lambda)}(p), \qquad (2.56a)$$

$$(c\not{p} + mc^2)v^{(\lambda)}(p) \overset{(2.50b)}{=} 0 \Rightarrow v^{(\lambda)}(p) = -\frac{c\not{p}}{mc^2}v^{(\lambda)}(p). \qquad (2.56b)$$

Damit kann man die Orthogonalität für die zugehörigen Spinoren zeigen:[35)]

$$v^{(\lambda)\dagger}\left(\frac{E_p}{c}, -\vec{p}\right)u^{(\lambda')}(p) = 0. \qquad (2.57a)$$

Analog lässt sich zeigen, dass

$$u^{(\lambda)\dagger}\left(\frac{E_p}{c}, \vec{p}\right)v^{(\lambda')}\left(\frac{E_p}{c}, -\vec{p}\right) = 0. \qquad (2.57b)$$

Hieraus folgt direkt die Orthogonalität positiv- und negativ-energetischer Lösungen mit gleichen Impulsen [vgl. Gross, 1999, S. 125 und Itzykson u. Zuber, 2005, S. 58].

Neben den Orthonormalitätsrelationen (2.55) erfüllen die Lösungen zudem die Vollständigkeitsrelation[36)]

$$\sum_\lambda \left(\Psi_{p,\lambda}^{(+)}\overline{\Psi}_{p,\lambda}^{(+)} - \Psi_{p,\lambda}^{(-)}\overline{\Psi}_{p,\lambda}^{(-)}\right) = \underbrace{\frac{c\not{p} + mc^2\mathbb{1}}{2mc^2}}_{=:\Lambda_+} + \underbrace{\frac{-c\not{p} + mc^2\mathbb{1}}{2mc^2}}_{=:\Lambda_-} = \mathbb{1}. \quad (2.58)$$

[35)] Die explizite Berechnung der Gleichung (2.57a) kann auf Seite 134 nachvollzogen werden.

[36)] Die Vollständigkeitsrelation wird im Anhang auf Seite 135 bewiesen.

Die Operatoren $\Lambda_{\pm}$ aus Gleichung (2.58) werden als Energieprojektions-
operatoren[37] bezeichnet. Sie projizieren aus einer Summe von Lösungen
diejenigen mit positiver oder negativer Energie heraus [vgl. Itzykson u.
Zuber, 2005, S. 57].

Durch die Gleichungen (2.55) und (2.58) ist ersichtlich, dass die Lösungen (2.49) beziehungsweise (2.50) einen vollständigen orthonorma-
len Satz von Lösungen der freien Dirac-Gleichung bilden [vgl. Mandl u.
Shaw, 2010, S. 60]. Eine allgemeine Lösung findet man also als Überlagerung dieser speziellen Lösungen in Form von

$$\Psi(x) = \int \frac{d^3p}{(2\pi\hbar)^3} \frac{mc^2}{E_p} \sum_{\lambda=\pm 1} \left(b^{(\lambda)}(p)\Psi_{p,\lambda}^{(+)}(x) + d^{(\lambda)*}(p)\Psi_{p,\lambda}^{(-)}(x) \right)$$

(2.59)

[vgl. Ryder, 2005, S. 138 oder Itzykson u. Zuber, 2005, S. 89][38].

2.3.3 Wahrscheinlichkeitsdichte positiv- und negativ-energetischer Lösungen

Als Aufenthaltswahrscheinlichkeitsdichte ρ von Lösungen positiver wie
negativer Energie erhält man

$$\overline{\Psi}_{p,\lambda}^{(+)}\gamma^0\Psi_{p,\lambda'}^{(+)} = e^{ik\cdot x}\frac{1}{2}\left(2\overline{u}^{(\lambda)}(p)\gamma^0 u^{(\lambda')}(p)\right)e^{-ik\cdot x}$$

$$\overset{(2.56)}{=} e^{ik\cdot x}\frac{1}{2}\overline{u}^{(\lambda)}(p)\left(c\frac{\not{p}\gamma^0 + \gamma^0\not{p}}{mc^2}\right)u^{(\lambda')}(p)e^{-ik\cdot x}$$

$$\overset{(2.13)}{=} e^{ik\cdot x}\frac{2E_p}{2mc^2}\overline{u}^{(\lambda)}(p)u^{(\lambda')}(p)e^{-ik\cdot x}$$

$$= \frac{E_p}{mc^2}\delta_{\lambda\lambda'},$$

---

[37] Für eine nähere Betrachtung der Energie- und Spinprojektionsoperatoren und
deren Eigenschaften sei auf Bjorken u. Drell [1998, S. 44ff.] verwiesen.
[38] Abweichend von Bjorken u. Drell [1998, S. 50] wird weiterhin die Normierung von
(2.6) benutzt.

beziehungsweise

$$\overline{\Psi}^{(-)}\gamma^0\Psi^{(-)} = e^{-ik\cdot x}\frac{1}{2}(2\overline{v}^{(\lambda)}(p)\gamma^0 v^{(\lambda')}(p))e^{ik\cdot x}$$

$$= e^{-ik\cdot x}\frac{-1}{2}\overline{v}^{(\lambda)}(p)\left(c\frac{\not{p}\gamma^0 + \gamma^0\not{p}}{mc^2}\right)v^{(\lambda')}(p)e^{ik\cdot x}$$

$$= \frac{E_p}{mc^2}\delta_{\lambda\lambda'}.$$

Der Vorfaktor $\dfrac{E_p}{mc^2}$ mag im Vergleich zu den vorherigen Orthogonali-
tätsrelationen verwundern, aber er rührt daher, dass sich ρ als Komponente eines Vierervektors transformiert und nicht invariant ist unter Lorentz-Transformationen. Da bei einem Wechsel des Bezugssystems das Volumenintegral über die Aufenthaltswahrscheinlichkeitsdichte konstant bleiben muss, sich das Volumen aber wegen der Längenkontraktion um den Faktor $\dfrac{E}{mc^2} = \left(1 - \dfrac{v^2}{c^2}\right)^{-\frac{1}{2}}$ verringert, muss sich die Dichte um den selben Faktor vergrößern [vgl. Itzykson u. Zuber, 2005, S. 58].

2.4 Nichtrelativistischer Grenzfall und minimale Substitution

Bevor Dirac die nach ihm benannte Gleichung publizierte, hatte bereits Pauli [1927] eine nichtrelativistische Gleichung aufgestellt, welche den Spin des Elektrons korrekt beschreibt. In diesem Abschnitt wird gezeigt, dass diese Gleichung den nichtrelativistischen Grenzfall der Dirac-Gleichung darstellt. Dazu ist es zunächst notwendig, sich vom feldfreien Fall zu lösen und die elektromagnetische Wechselwirkung in die Dirac-Gleichung mit einzubeziehen. Dies geschieht am einfachsten durch die sogenannte „minimale Substitution" beziehungsweise „minimale Kopplung", bei der die Ersetzungen

$$p^\mu \to p^\mu - \frac{q}{c}A^\mu \tag{2.60}$$

vorgenommen werden [vgl. Bjorken u. Drell, 1998, S. 23]. Dabei stellt q die elektrische Ladung des Teilchens dar, im Falle des Elektrons also $q = -e$ mit positiver Elementarladung e. $A_0 = \Phi$ ist das skalare Potenzial und $\vec{A}$ das elektromagnetische Vektorpotenzial. Das hieraus zusammengesetzte Viererpotenzial $A = (A^\mu) = (\Phi, \vec{A})$ ist allerdings keine Observable. Für die physikalisch messbaren Größen des elektrischen und magnetischen Feldes gilt stattdessen

$$\vec{E} = -\vec{\nabla}\Phi - \frac{1}{c}\frac{\partial \vec{A}}{\partial t}, \tag{2.61a}$$

$$\vec{B} = \vec{\nabla} \times \vec{A}. \tag{2.61b}$$

Da diese Beziehungen A nicht vollständig bestimmen, besitzt das Potenzial eine gewisse Eichfreiheit [vgl. Mandl u. Shaw, 2010, S. 2], also die Eigenschaft durch Eichtransformationen gemäß

$$\Phi \to \Phi' = \Phi + \frac{1}{c}\frac{\partial}{\partial t}\xi(x), \tag{2.62a}$$

$$\vec{A} \to \vec{A}' = \vec{A} - \vec{\nabla}\xi(x) \tag{2.62b}$$

verändert werden zu können, ohne dass dies zu einer Änderung von $\vec{E}$ und $\vec{B}$ führt und damit messbar ist. In Abschnitt 5.1 wird gezeigt, dass die Form der minimalen Substitution (2.60) die Eichinvarianz der Dirac-Gleichung garantiert.

In einem elektromagnetischen Feld lautet die Dirac-Gleichung also in kovarianter Form

$$\left(c\gamma^\mu\left(p_\mu - \frac{q}{c}A_\mu\right) - mc^2\mathbb{1}\right)\Psi = 0. \tag{2.63}$$

Unter Benutzung der Dirac-Darstellung und mit dem bereits bekannten Bispinor-Ansatz für Ψ wird daraus

$$c\gamma^0\left(\frac{E}{c} - \frac{q}{c}\Phi\right)\Psi + c\gamma^j\left(p_j - \frac{q}{c}A_j\right) = mc^2\Psi$$

$$\Leftrightarrow (E - q\Phi)\begin{pmatrix}\varphi\\-\chi\end{pmatrix} + (cp_j - qA_j)\begin{pmatrix}0 & \sigma_j\\-\sigma_j & 0\end{pmatrix}\begin{pmatrix}\varphi\\\chi\end{pmatrix} = mc^2\begin{pmatrix}\varphi\\\chi\end{pmatrix}$$

$$\Leftrightarrow \begin{pmatrix}(E - q\Phi)\varphi + (cp_j - qA_j)\sigma_j\chi\\-(E - q\Phi)\chi - (cp_j - qA_j)\sigma_j\varphi\end{pmatrix} = mc^2\begin{pmatrix}\varphi\\\chi\end{pmatrix}. \tag{2.64}$$

Die zweiten Komponenten in Gleichung (2.64) lassen sich umformen zu der Gleichung

$$\frac{\left(cp^j - qA^j\right)\sigma_j}{mc^2 + E - q\Phi}\varphi = \chi. \qquad (2.65)$$

Bisher wurde exakt gerechnet. Um nun relativistische Effekte auszuschließen, beschränkt man sich auf kinetische und potenzielle Energien, die gegenüber der Ruheenergie verschwinden, sodass der Bruch in (2.65) durch $mc^2 + E - q\Phi \approx 2mc^2$ genähert werden kann. Daraus ergibt sich

$$\frac{\left(cp^j - qA^j\right)\sigma_j}{2mc^2}\varphi = \chi. \qquad (2.66)$$

Da alle anderen Energien wie gesagt deutlich kleiner als die Ruheenergie sind, erkennt man an Gleichung (2.66), dass $\chi \ll \varphi$, was die Bezeichnung von φ und χ als ‚große' beziehungsweise ‚kleine' Komponente rechtfertigt. Einsetzen von (2.66) in die ersten Komponenten von (2.64) liefert nun

$$E\varphi = \left(\frac{\left(\left(cp^j - qA^j\right)\sigma_j\right)^2}{2mc^2} + q\Phi\right)\varphi + mc^2\varphi$$

$$\Leftrightarrow W\varphi = \left(\frac{\pi^j\sigma_j\pi^k\sigma_k}{2m} + q\Phi\right)\varphi, \qquad (2.67)$$

wobei im letzten Schritt $E = W + mc^2$ und $\vec{\pi} := \vec{p} - \frac{q}{c}\vec{A}$ substituiert und die Ruheenergie auf beiden Seiten subtrahiert wurde [vgl. Ryder, 2005, S. 54].

Durch einige Nebenrechnungen[39] wird aus Gleichung (2.67) die Pauli-Gleichung

$$i\hbar\frac{\partial\varphi}{\partial t} = \left(\frac{1}{2m}\left(\vec{p} - \frac{q}{c}\vec{A}\right)^2 - \frac{q}{mc}\frac{\hbar}{2}\vec{\sigma}\cdot\vec{B} + q\Phi\right)\varphi \qquad (2.68)$$

[vgl. Schwabl, 2005, S. 128]. Viel bemerkenswerter als die bloße Tatsache, dass die Dirac-Gleichung ihr nichtrelativistisches Pendant in der Pauli-Gleichung findet, ist die Erkenntnis, dass die gyromagnetische Konstante

---

[39] Diese finden sich im Anhang auf Seite 136.

$g = 2$ [40]) im magnetischen Moment des Elektrons $\vec{\mu} := 2 \cdot \dfrac{-e}{2mc} \dfrac{\hbar}{2} \vec{\sigma}$ dabei automatisch[41]) auftaucht. Dieser Faktor hat keine klassische Erklärung und sein Erscheinen in der Pauli-Gleichung wurde zuvor lediglich durch das Experiment gefordert. Daher gehört dieses Ergebnis zu einem der größeren Erfolge der Dirac-Gleichung [vgl. Gross, 1999, S. 139f.].

2.5 Interpretation der Lösungen mit negativen Energien

Während Dirac das Auftreten von Lösungen mit negativen Energien ursprünglich als einen Fehler beziehungsweise eine Ungenauigkeit seiner Theorie betrachtete [vgl. Dirac, 1928, S. 612], ist die Existenz von Antiteilchen heute allgemein akzeptiert. Besonders bemerkenswert ist in diesem Zusammenhang, dass Dirac ausgehend von der Vorhersage negativer Energien durch seine Gleichung eine Theorie entwickelte, welche über weite Strecken konsistent einige Effekte vorhersagen und beschreiben konnte, die erst Jahre später experimentell nachgewiesen wurden. Trotz aller Erfolge ist Diracs Theorie der Antiteilchen mittlerweile überholt, sodass in diesem Abschnitt neben der Löchertheorie auch die Interpretation von Antimaterie nach Stückelberg und Feynman erklärt wird, die im Gegensatz zu ersterer nicht nur auf Fermionen beschränkt ist. Am Ende dieses Kapitels erlaubt sich der Autor einige Gedanken über die möglichen Vor- und Nachteile, die diese beiden Interpretationen für den Physikunterricht in der Schule mit sich bringen.

2.5.1 Ladungskonjugation

Dirac [vgl. 1928, S. 612] behauptete beim Vorschlag seiner Gleichung, dass einige ihrer Lösungen Wellenpakete seien, die sich wie Teilchen mit

---

[40]) Aufgrund von Strahlungskorrekturen der Quantenelektrodynamik weicht der experimentell gemessene Wert von 2 ab [vgl. Messiah, 1990, S. 409].

[41]) ‚Automatisch‘ bedeutet an dieser Stelle als direkte Konsequenz des Strebens nach formaler Einfachheit, wie man sie sich mit der minimalen Substitution erreicht. Mit einer anderen, ebenfalls eichinvarianten Ankopplung des elektromagnetischen Feldes hätte man einen Faktor $g(1+\kappa)$ herleiten können. Hiermit können dann auch Teilchen beschrieben werden, deren g-Faktor deutlich von 2 abweicht [vgl. Weinberg, 2005, S. 14 und Itzykson u. Zuber, 2005, S. 67].

positiver Energie und Ladung $-e$ bewegten. Andere seien hingegen Wellenpakete, die sich wie entgegengesetzt geladene Teilchen mit negativer Energie bewegten.[42] Bei den folgenden Ausführungen geht es darum zu verstehen, was es tatsächlich mit diesen negativen Energien auf sich hat. Zu diesem Zweck wird die sogenannte Ladungskonjugation C nach Kramers [1937] eingeführt. Mit ihrer Hilfe lassen sich Dirac-Lösungen negativer Energien als äquivalent zu Dirac-Lösungen mit positiver Energie betrachten, wodurch sie sich fortan nicht mehr unserer klassischen Vorstellung entziehen.

Den Ausgangspunkt der Überlegungen bildet erneut die Dirac-Gleichung (2.63) einer Lösung Ψ mit elektromagnetischem Viererpotenzial A:

$$\left(c\gamma^\mu\left(-i\hbar\partial_\mu - \frac{q}{c}A_\mu\right) - mc^2\mathbb{1}\right)\Psi = 0. \tag{2.69}$$

Die Änderung des Energievorzeichens bei den Ebene-Wellen-Lösungen erreicht man durch komplexe Konjugation, weshalb man zunächst das komplex konjugierte von (2.69) nimmt:

$$\left(c\gamma^{\mu*}\left(+i\hbar\partial_\mu - \frac{q}{c}A_\mu\right) - mc^2\mathbb{1}\right)\Psi^* = 0$$
$$\Leftrightarrow \left(-c\gamma^{\mu*}\left(-i\hbar\partial_\mu + \frac{q}{c}A_\mu\right) - mc^2\mathbb{1}\right)\Psi^* = 0. \tag{2.70}$$

Um eine Operation

$$C\Psi = \mathscr{C}\Psi^* = \Psi_C$$

zu finden, welche die Form der Dirac-Gleichung (bis auf die Vorzeichenänderung der Ladung) beibehält, ist es also notwendig, dass $\mathscr{C} =: \tilde{\mathscr{C}}\gamma^0$ die zu Gleichung (2.18) analoge Relation

$$-\mathscr{C}\gamma^{\mu*}\mathscr{C}^{-1} = \gamma^\mu,$$
$$-\mathscr{C}\gamma^{\mu*} = \gamma^\mu\mathscr{C} \tag{2.71}$$

---

[42] Tatsächlich führt der Versuch, Wellenpakete allein aus Lösungen positiver oder negativer Energie zusammenzusetzen, im Rahmen einer Einteilcheninterpretation unweigerlich zu Inkonsistenzen [vgl. Itzykson u. Zuber, 2005, Kap. 2.2.2].

erfüllt. Die bloße Existenz von $\mathscr{C}$ ließe sich schnell mit Paulis Fundamentaltheorem beweisen [vgl. Köpp u. Krüger, 1997, S. 97], aber um das Aussehen von $\mathscr{C}$ zu untersuchen, bietet es sich an, die Existenz durch Angabe einer Lösung zu zeigen.

Multipliziert man Gleichung (2.70) von links mit $\mathscr{C}$, welches (2.71) erfüllt, so erhält man nach Konstruktion

$$\left(c\gamma^\mu\left(-i\hbar\partial_\mu + \frac{q}{c}A_\mu\right) - mc^2\mathbb{1}\right)\underbrace{\mathscr{C}\Psi^*}_{=:\Psi_C} = 0. \tag{2.72}$$

Nun gilt es noch, die Matrizen $\mathscr{C}$ beziehungsweise $\tilde{\mathscr{C}}$ tatsächlich zu bestimmen. Hierfür betrachtet man (2.71)

$$-\mathscr{C}\gamma^{\mu*}\mathscr{C}^{-1} = \gamma^\mu$$

$$\Leftrightarrow -\tilde{\mathscr{C}}\gamma^0\gamma^{\mu*}\left(\tilde{\mathscr{C}}\gamma^0\right)^{-1} = \gamma^\mu$$

$$\Leftrightarrow -\tilde{\mathscr{C}}\underbrace{\gamma^0\gamma^{\mu*}\gamma^0}_{=\gamma^{\mu T}}\tilde{\mathscr{C}}^{-1} = \gamma^\mu$$

$$\Leftrightarrow -\gamma^{\mu T} = \tilde{\mathscr{C}}^{-1}\gamma^\mu\tilde{\mathscr{C}}. \tag{2.73}$$

In der Dirac-Darstellung gilt:

$$\gamma^{0T} = \gamma^0, \qquad \gamma^{1T} = -\gamma^1, \qquad \gamma^{2T} = \gamma^2, \qquad \gamma^{3T} = -\gamma^3. \tag{2.74}$$

Aus (2.73) und (2.74) folgt nun direkt, dass $\tilde{\mathscr{C}}$ mit γ^0 und γ^2 antikommutiert und mit γ^1 und γ^3 vertauscht. Also wird $\tilde{\mathscr{C}}$ ein Produkt aus γ^0 und γ^2 sein. Die Forderung, dass

$$\mathbb{1} \overset{!}{=} \mathscr{C}^2 = -\tilde{\mathscr{C}}\gamma^0\gamma^0\tilde{\mathscr{C}} = -\tilde{\mathscr{C}}^2$$

sein soll, liefert schließlich mit

$$\mathscr{C} = \tilde{\mathscr{C}}\gamma^0 = i\gamma^2 \tag{2.75}$$

eine geeignete Matrixdarstellung. Ein Spinor transformiert sich also unter Ladungskonjugation gemäß

$$C\Psi = i\gamma^2\Psi^* = \Psi_C \tag{2.76}$$

[vgl. Schwabl, 2005, S. 217 und Köpp u. Krüger, 1997, S. 97f.][43].

Um genauer zu untersuchen, was bei der Ladungskonjugation mit den einzelnen Ebene-Wellen-Lösungen geschieht, betrachte man exemplarisch eine Lösung mit negativer Energie (also Viererimpuls $-p$) und Helizität $-\lambda$ wie in (2.50b):

$$
\begin{aligned}
\left(\Psi_{p,\lambda}^{(-)}\right)_C &= i\gamma^2 \frac{-c\gamma^{\mu*}p_\mu + mc^2\mathbb{1}}{\sqrt{2mc^2(E_p+mc^2)}} \begin{pmatrix} 0 \\ 0 \\ \psi^{(\lambda)*} \end{pmatrix} e^{-ik\cdot x} \\[2ex]
&= \frac{c\gamma^\mu p_\mu + mc^2\mathbb{1}}{\sqrt{2mc^2(E_p+mc^2)}} i\gamma^2 \begin{pmatrix} 0 \\ 0 \\ \psi^{(\lambda)} \end{pmatrix} e^{-ik\cdot x} \\[2ex]
&= \frac{c\!\!\!/p + mc^2\mathbb{1}}{\sqrt{2mc^2(E_p+mc^2)}} \begin{pmatrix} i\sigma_2\psi^{(\lambda)*} \\ 0 \\ 0 \end{pmatrix} e^{-ik\cdot x} \\[2ex]
&= \frac{c\!\!\!/p + mc^2\mathbb{1}}{\sqrt{2mc^2(E_p+mc^2)}} \begin{pmatrix} \psi_2^{(\lambda)*} \\ -\psi_1^{(\lambda)*} \\ 0 \\ 0 \end{pmatrix} e^{-ik\cdot x} \tag{2.77}
\end{aligned}
$$

Richtet man nun $\vec{p}$ entlang der z-Achse aus, müssen $\phi^{(\pm 1)}$ und $\psi^{(\pm 1)}$ Eigenvektoren zu σ_3 mit Eigenwerten ± 1 sein. Die einfachste Wahl lautet dann

$$\phi^{(+1)} = \begin{pmatrix} 1 \\ 0 \end{pmatrix} = \psi^{(+1)}, \qquad \phi^{(-1)} = \begin{pmatrix} 0 \\ 1 \end{pmatrix} = \psi^{(-1)}. \tag{2.78}$$

---

[43] Man beachte, dass in diesem Kapitel verglichen mit Schwabl [2005], Köpp u. Krüger [1997] und anderen Autoren durch die Unterscheidung von der Operation C und den Matrizen $\mathscr{C}$ und $\tilde{\mathscr{C}}$ eine andere Notation benutzt wurde. Ziel war es, eine zur Raum- und Zeitspiegelung analoge Benennung zu verwenden.

Setzt man die Zweierspinoren (2.78) nun in Gleichung (2.77) ein und vergleicht das Resultat mit einer positiv-energetischen Lösung (2.50a), erkennt man den Zusammenhang

$$\left(\Psi_{p,\lambda}^{(-)}\right)_C = \Psi_{p,-\lambda}^{(+)}, \tag{2.79}$$

denn der Faktor -1 vor $\psi_1^{(\lambda)}$ stellt lediglich einen „unwesentliche[n] Phasenfaktor" [vgl. Greiner, 1987, S. 355] dar, der somit vernachlässigt werden kann.[44] Die ‚tatsächliche' Helizität hat sich durch die Ladungskonjugation also nicht geändert, wohl aber die Impulsrichtung: Sie wurde invertiert. Die Verknüpfung von $\phi^{(\pm 1)}$ mit $\psi^{(\mp 1)}$ bedeutet also eine Invertierung der Spin-Richtung von den durch Ψ beschriebenen Teilchen hin zu denen, die durch Ψ_C beschrieben werden [vgl. Sakurai, 1996, S. 142].[45] Jetzt scheint das, was auch als Antiteilchen bezeichnet wird, zwar schon zum Greifen nahe, doch der Umstand, dass Impuls und Spin invertiert werden, verdeutlicht, dass dieses Ziel noch nicht erreicht ist und eine gewisse begriffliche Präzision gewahrt werden muss:

Die zur Wellenfunktion Ψ ladungskonjugierte Wellenfunktion Ψ_C beschreibt nicht den Zustand, welcher ladungskonjugiert zu demjenigen Zustand ist, der durch Ψ beschrieben wird ($|\Psi_C\rangle \neq |\Psi\rangle_C$). Anders ausgedrückt ist das ‚Ψ_C-Teilchen' nicht das Antiteilchen des ‚Ψ-Teilchens'

---

[44] Man hätte diesem Phasenfaktor (für den speziellen Fall des Impulses in z-Richtung) durch eine andere Wahl der $\psi^{(\pm)}$ leicht aus dem Weg gehen können. Dieser Kunstgriff hätte aber zu einem schwer zu motivierenden negativen Vorzeichen bei der Ruhelösung $\Psi_{(mc^2,0),+1}^{(-)}$ geführt.

[45] Um den akrobatisch anmutenden Gedankengang, der dieser Feststellung zu Grunde liegt, etwas verständlicher zu machen, sei noch einmal darauf hingewiesen, dass ein mit den Indizes p und λ *notiertes* $\Psi^{(-)}$ einen Zustand mit *tatsächlichem* Impuls $-p$ und Helizität $-\lambda$ beschreibt. Zeigt $\vec{p}$ beispielsweise in positive z-Richtung, ist der Impuls von $\Psi_{p,1}^{(-)}$ also *entgegen* der z-Richtung orientiert. Gleichzeitig steht die Spinprojektion *anti*parallel zum Impuls und damit parallel zur z-Achse. Mit dieser Konvention im Hinterkopf sagt Gleichung (2.79) aus, dass sich bei einer Ladungskonjugation zwar die Impulsrichtung, nicht aber die Helizität ändert. Wenn der Impuls umgedreht wird, die Helizität aber gleich bleibt, muss der Spin invertiert worden sein, weil die Helizität in Abschnitt 2.3.1 als die Richtung der Spinprojektion in Relation zur Impulsrichtung definiert wurde. Eine ausführliche Demonstration, wie man rechnerisch das Transformationsverhalten dieser und anderer Oberservablen unter Ladungskonjugation bestimmt, findet sich bei Greiner [1987, S. 349-353].

[vgl. Sakurai, 1996, S. 142f.], sondern desjenigen Teilchens, das einen relativ zum Ψ-Teilchen umgedrehten Impuls und Spin besitzt. Repräsentiert $\Psi_{p,\lambda}^{(+)}$ also beispielsweise ein Elektron, so wird das Antielektron weder durch $\Psi_{p,\lambda}^{(-)}$ selbst beschrieben, noch repräsentiert $\left(\Psi_{p,\lambda}^{(-)}\right)_C$ das Antiteilchen des $\Psi_{p,\lambda}^{(-)}$-Teilchens. Stattdessen hat das Teilchen mit dem Spinor $\Psi_{p,\lambda}^{(+)}$ dasjenige Antiteilchen, welches durch $\left(\Psi_{p,\lambda}^{(-)}\right)_C$ beschrieben wird [vgl. Wachter, 2005, S. 115]. Dies ist exemplarisch in Tabelle 2.1 dargestellt.[46]

	Zustand	Wellenfunktion
Teilchen	$\lvert e^-, p_z, \lambda = +1\rangle$	$\Psi_{p_z,+1}^{(+)}$
Antiteilchen	$\lvert e^-, p_z, \lambda = +1\rangle_C$ $= \lvert e^+, p_z, \lambda = +1\rangle$	$\left(\Psi_{p_z,+1}^{(-)}\right)_C = \Psi_{p_z,-1}^{(+)}$

Tabelle 2.1: Zustand und Wellenfunktion von Teilchen und Antiteilchen

Es wurde soeben gezeigt, dass Dirac-Lösungen mit negativer Energie in einem Potenzial A_μ äquivalent sind zu Dirac-Lösungen mit gleicher Masse, positiver Energie und umgekehrter Ladung im selben Potenzial und dass diese Äquivalenz durch die Ladungskonjugation vermittelt wird [vgl. Greiner, 1987, S. 348]. Das liefert jedoch noch keine Erklärung, wie beispielsweise der Übergang von einem Zustand positiver Energie in einen Zustand negativer Energie vonstatten geht und warum dieser überhaupt stabil sein sollte. Ein sehr kreativer Erklärungsversuch, mit dem auch die Ladungskonjugation von Zuständen direkt interpretiert werden kann, ist der folgende.

---

[46] Dieser Zusammenhang wird deshalb so stark betont, weil es dem Autor als gefährlich erscheint, die Ladungskonjugation nur dadurch zu charakterisieren, dass sie „in quantenmechanischen Zuständen jedes Teilchen durch sein Antiteilchen [ersetzt]" wie in Wikipedia [2014] geschehen, ohne dabei deutlich auf den Unterschied zwischen der Ladungskonjugation des Zustands $\lvert\Psi\rangle \mapsto \lvert\Psi\rangle_C$ und der Ladungskonjugation des Spinors $\Psi \mapsto \Psi_C$ zu unterscheiden. Für einen weniger erfahrenen Leser sind damit fundamentale Missverständnisse vorprogrammiert.

2.5.2 Diracs Löchertheorie

Wenn die Bewegung von Elektronen mit negativer Energie äquivalent zu
der von positiv geladenen Teilchen ist, ist es auf den ersten Blick nicht ab-
wegig anzunehmen, dass Elektronen mit negativer Energie schlicht und
ergreifend positiv geladene Teilchen *sind*. Eine solche Interpretation, bei
der die Elektron-Lösungen negativer Energie mit Protonen identifiziert
werden, findet sich beispielsweise bei Weyl [vgl. 1929, S. 332]. Dirac [vgl.
1930, S. 361f.] entgegnet jedoch, dass diese Identifikation zu drei[47] Pa-
radoxien führen würde:

- Die Ladungserhaltung würde bei einem Übergang eines Elektrons zu
  einem Proton verletzt.

- Ein Elektron mit negativer Energie würde eines mit positiver Energie durch das von seiner negativen elektrischen Ladung erzeugte Feld
  abstoßen, obwohl es gleichzeitig von ihm angezogen werden müsste.
  Immerhin tragen Protonen eine *positive* Ladung.

- Um das Elektron negativer Energie zu verlangsamen, müsste ihm kinetische Energie *zugeführt* werden.

Diracs Ansatz war dagegen ein anderer. Er fußt auf dem Pauli-Prinzip,
wonach niemals mehrere Elektronen, beziehungsweise Fermionen im Allgemeinen, in dem Sinne denselben Zustand besetzen können, dass sie
in allen Quantenzahlen übereinstimmen [vgl. Pauli, 1925]. Es wäre den
Elektronen mit positiver Energie demzufolge unmöglich endlos tief in
Zustände negativer Energie durchzufallen, wenn diese, bis auf wenige
Ausnahmen für Zustände geringer negativer Energiebeträge, bereits besetzt sind. Dies erfordert in jedem Volumenelement des Universums eine
unendliche Zahl von Elektronen negativer Energie, die allerdings nicht
beobachtbar wären, solange sie überall exakt homogen verteilt sind.[48]

---

[47] Ein weiterer Widerspruch, von dem Dirac zu diesem Zeitpunkt allerdings erwartete, dass er sich durch einen physikalischen Effekt auflösen lasse [vgl. Dirac, 1930,
S. 364], betrifft den enormen Massenunterschied zwischen Elektron und Proton.

[48] Der Begriff des Vakuums kann in diesem Zusammenhang also nicht als die Abwesenheit aller Materie interpretiert werden, sondern bedeutet, dass alle positiven
Energieniveaus $E \geqslant mc^2$ leer und alle negativen Energieniveaus $E \leqslant -mc^2$ aufgefüllt sind. Dabei ist die Zone $-mc^2 < E < mc^2$, sofern es keine gebundenen
Zustände gibt, verboten [vgl. Wachter, 2005, S. 117f.].

Eines der wenigen möglicherweise verbleibenden „Löcher", also die *Abwesenheit* eines Teilchens mit negativer Ladung und Energie, erscheint dagegen relativ zum besetzten Zustand als *Anwesenheit* eines Teilchens mit positiver Energie und Ladung. Dieses Loch böte dann wiederum die Möglichkeit, durch einen Quantensprung eines Elektrons aufgefüllt zu werden, was die Homogenität des sogenannten „Dirac-Sees" [vgl. Wachter, 2005, S. 117] aus Elektronen mit negativer Energie wiederherstellt. Dieser Vorgang wäre als Annihilation eines Elektron-Antielektron-Paares unter Abgabe von Strahlung beobachtbar [vgl. Dirac, 1930, S. 362ff.]. Der umgekehrte Vorgang der Paarerzeugung ist in Abbildung 2.1 dargestellt.

Ursprünglich vermutete Dirac, dass es sich bei den Löchern um Protonen handelt. Damit wäre nach dem damaligen Weltbild[50] die gesamte Materie lediglich aus einer Sorte von Teilchen und nicht aus zweien aufgebaut [vgl. Dirac, 1930, S. 363]. Ein derart (im wahrsten Sinne) einfacher Aufbau des Universums muss für Dirac eine extrem reizvolle Vorstellung gewesen sein, zumal er bei seiner Arbeit stets eine gewisse mathematische Schönheit in der Darstellung physikalischer Gesetze anstrebte, die seiner Meinung nach oft mit einer Einfachheit in der Darstellung zusammenfiel [vgl. Schweber, 1994, S. 70]. Dies kann ein Grund dafür sein, dass Dirac erst durch starke Indizien und deutlichen Widerstand[51] gegen die Identifikation seiner Löcher mit Protonen dazu bewegt wurde, sein Konzept fallen zu lassen. Oppenheimer [vgl. 1930, S. 563] zufolge mussten fast alle Löcher gefüllt sein, sodass Dirac Protonen beinahe widerwillig als unabhängige Teilchen akzeptierte [vgl. Schweber, 1994, S. 66f. und Dirac, 1931, S. 61]. Als zweiten Grund nennt Dirac selbst die vorherrschende Meinung der Theoretiker seiner Zeit („climate of opinion"), die sich gegen neue Teilchen richtete und gegen die er sich nicht zu stellen gewagt hatte [vgl. Dirac zit. nach Schweber, 1994, S. 63].

---

[49] Mit freundlicher Erlaubnis von Springer Science+Business Media.

[50] Das Neutron wurde erst 1932 von James Chadwick gefunden [vgl. Chadwick, 1932b und Chadwick, 1932a].

[51] Zu nennen sind hier beispielsweise Briefe von Heisenberg und Tamm [vgl. Schweber, 1994, S. 65f.], sowie der von Weyl [vgl. 1931, S. 234] publizierte Beweis, dass Elektronen und Löcher die selbe Masse haben müssen und schließlich die Erkenntnis von Tamm [vgl. 1930, S. 568] und anderen [siehe Dirac, 1931, S. 61], dass Elektronen und Protonen zu oft rekombinieren müssten, als dass Materie stabil sein könnte, wenn Protonen tatsächlich Löcher im Dirac-See wären.

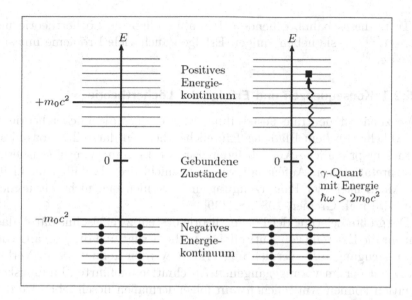

Abbildung 2.1: Energieniveau-Schema in der Löchertheorie
Links: Vakuumzustand. Jedes negative Energieniveau ist mit genau zwei Elektronen (Spin ↑ und ↓) besetzt. Abgesehen von gebundenen (hier: Elektron-) Zuständen, liegt zwischen den kontinuierlichen Energiebändern eine Lücke von $2mc^2$.
Rechts: Paarerzeugung. Ein Elektron steigt durch Absorption eines Photons mit ausreichender Energie in einen Zustand positiver Energie auf und hinterlässt dabei ein Loch, welches als Positron wahrgenommen wird [vgl. Wachter, 2005, S. 118]. [Abbildung aus: Wachter, 2005, S. 118][49)]

In Diracs überarbeiteter Theorie sind die Anti-Elektronen nun positiv geladene Teilchen mit der Masse des Elektrons, die allerdings so schnell wieder mit Elektronen rekombinieren, dass man sie in der Natur nicht findet. Lediglich im Hochvakuum wären sie ziemlich stabil und beobachtbar [vgl. Dirac, 1931, S. 61]. Den Durchbruch bescherte dieser Theorie der experimentelle Nachweis der nunmehr als Positronen bezeichneten Anti-Elektronen durch Anderson [vgl. 1932] und Blackett u. Occhialini [vgl. 1933].

Trotz dieses bahnbrechenden Triumphs blieb die Löchertheorie um-
stritten[52], da sie neben einigen Erfolgen auch viele Probleme mit sich
brachte.[53]

2.5.2.1 Konsequenzen und Erfolge der Löchertheorie

Eine zunächst neutrale Feststellung ist die, dass die Löchertheorie eine Abkehr von dem Pfad der Einteilchentheorien darstellt. Obwohl sie
Diracs ursprüngliche Antriebsfeder war, wird damit auch die bisherige
Interpretation von Aufenthaltswahrscheinlichkeiten hinfällig, da in ihr
die Möglichkeit der Paarerzeugung und -vernichtung nicht berücksichtigt wird [vgl. Greiner, 1987, S. 339].

Die größte Leistung der Löchertheorie besteht zweifelsohne darin, dass
mit ihr die Existenz von Antiteilchen vorhergesagt und die Vorgänge der
Paarerzeugung und -vernichtung erklärt werden können.[54] In Verbindung mit der im vorangegangenen Abschnitt eingeführten Ladungskonjugation können Antiteilchen nun folgendermaßen beschrieben werden:
Ψ_C ist die Wellenfunktion desjenigen Zustands, dessen Abwesenheit wie
die Anwesenheit des ladungskonjugierten Zustands erscheint [vgl. Sakurai, 1996, S. 143].

Darüber hinaus bietet die Löchertheorie eine qualitative Erklärung des
Effekts der Vakuumpolarisation, denn der Dirac-See ist nur dann unsicht-

---

[52] Beispielsweise zitiert Schweber [vgl. 1994, S. 68] Pauli, wie dieser bei verschiedenen
Gelegenheiten zum Ausdruck bringt, dass er trotz ihrer Erfolge bei der Erklärung
der Paarerzeugung und -vernichtung nicht an Diracs Löchertheorie glaubt.

[53] Für eine ausführliche Darstellung der Geschichte der Löchertheorie und der Entdeckung des Positrons sei der Leser auf Schweber [1994] (und von diesem zusätzlich
weiter auf de Maria u. Russo [1985]) verwiesen.

[54] Diese Vorhersage und Erklärung von Antiteilchen, die auf der Dirac-Gleichung
fußt, legte Zichichi [2000] zufolge den Grundstein für einen Großteil der Elementarteilchenphysik und insbesondere des Standardmodells. Er geht sogar so
weit, Dirac und seiner Gleichung eine größere Bedeutung für die moderne Physik
zuzuschreiben als Albert Einstein.

Ohne Diracs Verdienst kleinreden zu wollen, sei jedoch erwähnt, dass Zichichi [2000] den Ausgangspunkt von Diracs Forschungen bei seiner Argumentation
außer Acht zu lassen scheint: Die Suche nach einer speziell-relativistischen Gleichung, die das Elektronen quantenmechanisch beschreibt, ist der Versuch, mit
der Quantenphysik und der speziellen Relativitätstheorie zwei physikalische For-
schungsfelder miteinander zu verbinden, die beide von Einstein mitbegründet
wurden.

bar, wenn die Elektronen negativer Energie absolut homogen verteilt sind, während ein starkes äußeres elektrisches Feld die See-Elektronen verschiebt und zu beobachtbaren Inhomogenitäten führt [vgl. Wachter, 2005, S. 119]. Eine quantitative Beschreibung ist allerdings erst im Rahmen einer Quantenfeldtheorie möglich, zu der die Löchertheorie allenfalls als Vorstufe gesehen werden kann [vgl. Messiah, 1990, S. 426].

2.5.2.2 Probleme der Löchertheorie

Die Idee des Dirac-Sees mag einige Probleme ausräumen, sie liefert jedoch einige Gründe, sich mit der Löchertheorie noch nicht zufrieden zu geben:

Zum einen besitzt er eine unendlich große Energie und Ladung und es ist zumindest nicht naheliegend zu glauben, dass diese nicht messbar sei, womit die grundlegende Rechtfertigung für die Neuinterpretation des Vakuums gefährdet wäre. Dieser Punkt lässt sich allerdings noch dadurch ausräumen, dass in einem perfekt (!) homogenen Dirac-See keine Vorzugsrichtung beispielsweise des elektrischen Feldes angegeben werden kann, sodass das Dirac-Vakuum tatsächlich als feldfrei erscheint [vgl. Bjorken u. Drell, 1998, S. 82]. Diese Probleme können also durch eine sogenannte Renormierung, wie der Vergleich mit dem Vakuumzustand eine ist, (auf Kosten der Ästhetik) ausgeräumt werden [vgl. Greiner, 1987, S. 339].

Dadurch, dass Protonen und andere, damals für elementar gehaltene Teilchen ebenfalls halbzahligen Spin besitzen, aber nicht mit den Löchern im Dirac-See identifiziert werden können, wäre es nötig, für jede Teilchensorte einen weiteren Dirac-See einzuführen [vgl. Dirac, 1931, S. 62]. Wem selbst diese Vorstellung mit den resultierenden Wechselwirkungen noch keine Bedenken bereitet, der wird spätestens bei den Bosonen scheitern:

Nach heutigem Stand des Wissens existiert für jedes Teilchen ein Antiteilchen, aber Mesonen beispielsweise, die von Yukawa [1935] ursprünglich zur Erklärung der Kernkräfte vorhergesagt und von Lattes u. a. [1947] tatsächlich nachgewiesen wurden, sind Bosonen. Sie gehorchen also nicht dem Pauli-Prinzip und deswegen kann auch keine funktionierende Löchertheorie für sie erdacht werden. Es fehlt ein Verbot, das etwa geladene π^--Mesonen daran hindert, in einem elektrischen Feld unter endloser Energieabgabe in immer tiefere Energieniveaus zu fallen.

Dirac soll auf dieses Problem geantwortet haben, dass er Bosonen nicht für wichtig gehalten hatte. Aber das Scheitern der Löchertheorie an nachweisbar stabilen[55] Bosonen, die als nicht weniger elementar als viele Fermionen betrachtet werden können, lässt schließlich daran zweifeln, dass es nicht auch für Fermionen eine andere und umfassendere Theorie[56] gibt, welche die Stabilität von Materie erklärt [vgl. Weinberg, 2005, S. 13f.].

2.5.3 Feynman-Stückelberg-Interpretation

Die Probleme und Inkonsistenzen der Löchertheorie erfordern es, Alternativen für die Erklärung von Teilchen und Antiteilchen sowie den Effekten der Paarerzeugung und Paarvernichtung zu suchen. Solch eine neue Interpretation wurde zuerst von Stückelberg [1941] publiziert. Sein Ziel war es, eine klassische Erklärung der Antiteilchen-Phänomene zu entwickeln, also ohne Hilfe der Quantentheorie.[57] In der Relativitätstheorie wird die Bewegung eines Teilchens durch Raum und Zeit als Weltlinie durch ein vierdimensionales Koordinatensystem der Raumzeit beschrieben. Dabei stellt Stückelberg heraus, dass das Entscheidende an der Einstein'schen Mechanik sei, dass sie nur solche Weltlinien erlaube, die lediglich einen Schnittpunkt mit der dreidimensionalen Hyperebene $t = t_0$ der vierdimensionalen Raumzeit hätten. Allgemeinere Weltlinien, die zwei oder noch mehr Schnitte mit dieser Hyperebene aufweisen, seien wahrscheinlich nur deshalb nicht diskutiert worden, weil das Phänomen der Paarerzeugung und -vernichtung noch nicht beobachtet worden sei, denn hierfür bildeten sie eine sehr natürliche Interpretation [vgl. Stückelberg, 1941, S. 589f.]. Zum besseren Verständnis betrachte man Abbildung 2.2. Während die Weltlinie A mit der Einstein'schen Mechanik konform geht, macht sich das Teilchen mit Weltlinie B zu einem Zeitpunkt $t_1 < t_0$ an zwei verschiedenen Orten bemerkbar: Am ersten

---

[55] Stabil meint hier lediglich, dass sie ohne unbegrenzte Energieabgabe existieren.

[56] Durch die Erfolge der Quantenfeldtheorien sieht sich beispielsweise Schwinger darin gerechtfertigt, die Löchertheorie als historische Kuriosität zu degradieren, die man am besten vergessen solle [vgl. Schwinger zit. nach Weinberg, 2005, S. 14].

[57] Wörtlich: „[...] sans faire appel à la theorie des quanta" [Stückelberg, 1941, S. 588].

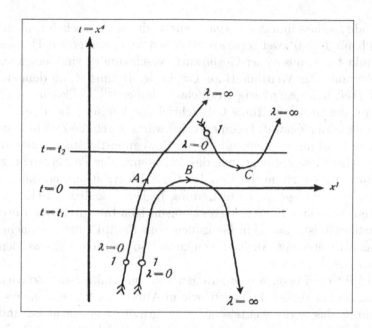

Abbildung 2.2: Verschiedene Weltlinien
Linie A beschreibt die ‚gewöhnliche' (Einstein'sche) Form einer
Weltlinie, während die Linien B und C den Effekt der Paar-
vernichtung und -erzeugung beschreiben. Durch λ werden die
Weltlinien parametrisiert, $x^\mu = x^\mu(\lambda)$, wodurch eine Art ‚Bewe-
gungsrichtung' der Teilchen ausgezeichnet wird [Abbildung aus:
Stückelberg, 1941, S. 590][58].

Ort ‚bewegt'[59] sich das Teilchen (für wachsendes λ) in positive Zeitrichtung, während es sich gleichzeitig am zweiten Ort (für wachsendes
λ) entgegen der Zeitrichtung durch die Raumzeit bewegt. Ein Mensch
nimmt lediglich eine Hyperebene $t = t_0$ der Raumzeit als seine Gegen-

---

[58] Nachdruck der Originalabbildung mit freundlicher Erlaubnis der Schweizerischen
Physikalischen Gesellschaft.

[59] Bewegung meint hier selbstverständlich nicht die räumliche Bewegung, sondern
allgemeiner die Änderung der Position in der vierdimesionalen Raumzeit. Ein
(räumlich) ruhendes Teilchen bewegt sich immer noch mit konstanter Geschwindigkeit in Zeitrichtung.

wart wahr, sodass ihm der Vorgang zur Weltlinie B erscheint, als bewegten sich für $t < 0$ zwei separate Teilchen aufeinander zu. Da sie zum Zeitpunkt $t = t_2$ aus seiner Gegenwart verschwunden sind, erscheint der Umkehrpunkt der Weltlinie B als Ort in der Raumzeit, an dem sich die beiden Teilchen gegenseitig ‚vernichtet' haben.[60] Vollkommen analog erscheint der durch Weltlinie C beschriebene Vorgang, bei dem sich ein Teilchen aus der Zukunft kommend rückwärts durch die Zeit bewegt und zu einem bestimmten Zeitpunkt seine Bewegungsrichtung umkehrt und in Zeitrichtung weiterfliegt, wie das Phänomen der Paarerzeugung. Die Bewegung rückwärts in der Zeit lässt das Elektron nun erscheinen, als habe es eine entgegengesetzte Ladung [vgl. Stückelberg, 1941, S. 592]. Das Herausragende im Vergleich zur bisherigen Interpretation durch die Löchertheorie ist, dass kein Gebrauch vom Pauli-Prinzip gemacht wurde: Das Auftreten von Antibosonen kann also ebenso erklärt werden, wie das von Antifermionen.

Es bleibt die Frage, wie es zu einer solchen Umkehr der Zeitrichtung kommt. Im klassischen Fall wird, wie in Abbildung 2.2, ein „neues Feld" eingeführt, das weder elektrischer noch gravitativer Natur ist und zwischen zwei Zeitpunkten t_1 und t_2 wirkt [vgl. Stückelberg, 1941, S. 591]. Dies erlaubt jedoch das Erreichen von Überlichtgeschwindigkeit und führt zu einem Widerspruch mit dem Kausalitätsprinzip: Wenn man bei $\lambda = 0$ in Abbildung 2.2 ein Elektron misst und anschließend ein solches neuartiges Feld einschaltet, von dem man weiß, dass es stark genug ist, dieses Elektron in die Vergangenheit umzulenken, dann bewirkt man durch dieses Einschalten, dass auch in der Zeit vor t_1, zu der das Feld eingeschaltet wird, ein Positron existiert haben muss, welches mit dem Elektron annihilieren wird [vgl. Stückelberg, 1942, S. 29f.]. Dieses Problem löst Stückelberg [vgl. 1942, S. 34ff.] durch den Übergang in die Quantenmechanik. Dabei wird die Paarerzeugung und -vernichtung in

---

[60] Eine berühmte Illustration, die zumindest in den 1940ern der Lebenswelt vieler Studenten entsprach, ist das Beispiel des Bombenschützen, der aus dem Rumpf eines Bombers im Tiefflug nur einen begrenzten Ausblick auf den Boden unter diesem hat. Fliegt er entlang einer Straße, die sich in Serpentinen windet, dann sieht er zuerst nur eine Straße, dann tauchen zwei weitere Wegstücke auf und er begreift erst die Serpentinenform dieser einzigen Straße, wenn sich zwei der drei Wegstücke wieder treffen und aus dem Blickfeld verschwinden [vgl. Feynman, 1949a, S. 749]. Dieses Bild beschreibt den Fall, bei dem es zu einer Paarerzeugung kommt, das erzeugte Positron mit einem weiteren Elektron annihiliert und das erzeugte Elektron als ‚Straße hinter der Serpentine' weiterexistiert.

Analogie zur Lichtbrechung betrachtet, bei der ein raumzeitlich scharf begrenztes elektrisches Feld eine Grenzschicht darstellt, an der das Wellenpaket des Elektrons mit einer gewissen Wahrscheinlichkeit reflektiert (Paarvernichtung) oder mit der Gegenwahrscheinlichkeit gebrochen wird. Bei dieser Interpretation ist das Kausalitätsprinzip nicht verletzt [vgl. Stückelberg, 1942, S. 35].

Der zweite große Physiker in Zusammenhang mit der neuen Antiteilcheninterpretation ist Feynman. Wheeler, dessen wissenschaftlicher Assistent Feynman zu dieser Zeit war, brachte ihn im Herbst 1940 auf die Idee, Positronen seien Elektronen, die sich rückwärts durch die Zeit bewegten[61] [vgl. Schweber, 1994, S. 387f.]. In seiner ersten Publikation zur Antiteilcheninterpretation, bei der er ebenfalls eine klassische Elektrodynamik aufzustellen versuchte, welche nach ihrer Quantisierung die Divergenzen der damaligen Quantenelektrodynamik lösen sollte [vgl. Feynman, 1948a, S. 939], bezieht sich Feynman ausschließlich auf Wheeler. Man kann also davon ausgehen, dass ihm Stückelbergs Arbeiten bis dato noch unbekannt waren.[62] Feynman betrachtet den Durchgang eines Elektrons durch ein räumlich scharf begrenztes elektrisches Potenzial, bei dem die Wirkung auf zwei Wegen minimiert wird [vgl. Abbildung 2.3].

Einer der beiden Wege weist ein in der Zeit rückwärts gewandtes Wegstück auf, an dessen Anfang und Ende experimentell jeweils der Effekt der Paarvernichtung beziehungsweise Paarerzeugung beobachtet wird. Die beiden Phänomene werden also als Streuprozesse aufgefasst, bei denen die Eigenzeit des Elektrons (Positrons) in Relation zur „wahren Zeit" t ihr Vorzeichen ändert. Dieser Richtungswechsel der Eigenzeit ist äquivalent mit dem Wechsel des Ladungsvorzeichens [vgl. Feynman, 1948a, S. 943].

In weiteren Artikeln verwendet Feynman eben diesen Blick auf die Raumzeit und Weltlinien als Ganze und beschreibt die Phänomene der Paarerzeugung und -vernichtung als Streuprozesse von Wellen [vgl. Feyn-

---

[61] In einem Telefonat stellte Wheeler seinem Assistenten die gewagte These vor, dass es möglicherweise nur ein Elektron gibt, das bei seiner Reise durch die Raumzeit allerdings so viele Schleifen fliegt, dass man zu einem bestimmten Zeitpunkt den Eindruck ganz vieler Elektron-Positron-Paare erhalte [vgl. Schweber, 1994, S. 387f.].

[62] Erst in einem späteren Beitrag erwähnt Feynman [vgl. 1949a, S. 749, 753] Stückelbergs Theorie.

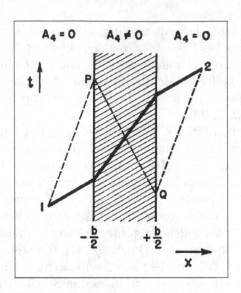

Abbildung 2.3: Klassische Paarerzeugung und -vernichtung
[Abbildung aus: Feynman, 1948a, S. 943][63]
Beide Weltlinien bilden ein Extremum der Wirkung beim Durchgang eines Elektrons durch eine hohe Potezialbarriere. Ein schnel-
les Elektron bewegt sich auf der fett markierten Linie, ein lang-
sames dagegen auf der gestrichelten. An den Punkten P und
Q erscheinen die Vorgänge der Paarvernichtung beziehungsweise -erzeugung. Dazwischen verhält sich das Elektron, weil es sich
hier rückwärts durch die Zeit bewegt, als hätte es eine positive
Ladung: Es erscheint also als Positron [vgl. Feynman, 1948a, S.
943f.].

man, 1949a, S. 750]. Dabei beweist er die Äquivalenz seiner Positronen-
theorie zur Löchertheorie nach der Feldquantisierung[64] [vgl. Feynman,
1949a, 758f.]. Zusammengenommen mit seiner Beschreibung der Wechselwirkung von Elektronen und Positronen von 1949b, erhält man eine

---

[63] Nachdruck der Originalabbildung mit freundlicher Erlaubnis der American Physical Society. ©(1948) American Physical Society.

[64] Die Feldquantisierung wird in den kommenden Kapiteln besprochen.

neue Form der Quantenelektrodynamik, die es erlaubt, die richtigen Ergebnisse in deutlich kürzerer Zeit zu berechnen [vgl. Sakurai, 1996, S. 241].[65] Ihre Äquivalenz mit der bisherigen Form der Quantenelektrodynamik wurde von Dyson [1949] gezeigt.

2.5.4 Antiteilchen und das CPT-Theorem

In den Abschnitten 2.2.3.1, 2.2.3.2 und 2.5.1 wurde die Forminvarianz der Dirac-Gleichung unter den diskreten Transformationen der Raum- und Zeitspiegelung und der Ladungskonjugation gezeigt. Damit ist klar, dass die Dirac-Gleichung auch unter Kombination dieser Symmetrietransformationen invariant bleibt. Tatsächlich geht man aber nicht davon aus, dass die CPT- beziehungsweise PCT-Invarianz lediglich aus den einzelnen Symmetrien folgt, sondern eine grundlegende Invarianz ist. Sie gilt bei allen Wechselwirkungen in der Natur,[66] während jede der drei einzelnen Symmetrietransformationen P, C und T, für sich genommen, im Rahmen der schwachen Wechselwirkung verletzt wird: Wu u. a. [1957] konnten die Verletzung der P-Invarianz experimentell nachweisen, nachdem Lee u. Yang [1956] die Möglichkeit der P-Verletzung erwogen und spezielle Experimente zur Überprüfung vorgeschlagen hatten. Mit den Argumenten von Lee u. a. [1957] konnten Wu u. a. [vgl. 1957, S. 1414] darüber hinaus zeigen, dass die experimentellen Befunde neben der P- auch eine C-Invarianz widerlegen. Daraufhin ging man einige Zeit von einer CP-Invarianz aus. Man meinte also, dass sich die Effekte der C- und P-Verletzung sozusagen ausgleichen würden, während die Invarianz unter Zeitumkehr tatsächlich gegeben sei.

Die Gültigkeit der CPT-Invarianz hat allerdings zur Folge, dass auch die T-Invarianz nicht mehr zu halten war, als Christenson u. a. [1964] die

---

[65] Kapitel 5 wird einen kleinen Einblick in die Quantenelektrodynamik liefern.

[66] Das CPT-Theorem findet sich bei verschiedenen Autoren in verschiedener Form. Häufig werden Beweise und Herleitungen von Pauli [1955], Lüders [1954] und Bell [1955] zitiert. Eine axiomatische Herleitung auf den „Grundlagen der quantisierten Feldtheorie" findet sich bei Jost [1957, S. 409]. Weil die getroffenen Voraussetzungen ‚nur' postuliert, aber nicht bewiesen werden können, ist die CPT-Invarianz ein aktuelles Forschungsgebiet, das in Mainz beispielsweise von der AG Walz im Zusammenhang mit der Untersuchung von Anti-Wasserstoff erforscht wird [AG Quantum, 2011].

CP-Verletzung der schwachen Wechselwirkung nachgewiesen hatten.[67]

Die Konsequenzen des CPT-Theorems sind angesichts ihrer wenigen und sehr grundlegenden Voraussetzungen beeindruckend [vgl. Scadron, 2007, S. 114]:

- Aus dem CPT-Theorem folgt, dass es Antiteilchen gibt. Durch das CPT-Theorem ist auch der Dirac-See zur Interpretation nicht mehr von Nöten.

- Stattdessen bildet das CPT-Theorem die ultimative Rechtfertigung für die Feynman-Stückelberg-Interpretation eines Antiteilchens als negativ-energetisches Teilchen, das sich rückwärts durch Raum und Zeit bewegt.

- Die Massen und Halbwertszeiten instabiler Teilchen sind mit denen der korrespondierenden Antiteilchen identisch.

- Es ist niemals nur eine der diskreten Symmetrien gebrochen, sondern entweder keine oder mindestens zwei.

Um das Verhältnis von Teilchen und Antitelichen besser verstehen zu können, ist es also hilfreich, das Transformationsverhalten von Spinoren unter PCT zu studieren.

---

[67] Die bislang experimentell beobachtete CP-Verletzung sollte zu einer Asymmetrie zwischen Materie und Antimaterie im Universum führen, die weit geringer ist, als man in der Realität beobachtet. Schließlich besteht der uns bekannte Teil des Universums, von der Höhenstrahlung einmal abgesehen, ausschließlich aus Materie und nicht aus Antimaterie. An dieser Stelle stößt das Standardmodell an seine Grenzen [Rodgers, 2001] und der interessierte Leser sei beispielsweise auf Dolgov [2006] verwiesen.

Aus den Gleichungen (2.22), (2.23), (2.26) und (2.76) folgt unter Vernachlässigung der physikalisch unwichtigen Phasenfaktoren[68]

$$PCT\Psi(x) = PC\mathcal{T}\Psi^*(-ct, \vec{x}) = PC\left(i\gamma^1\gamma^3\Psi^*(-ct, \vec{x})\right)$$

$$= Pi\gamma^2\left(-i\gamma^{1*}\gamma^{3*}\Psi(-ct, \vec{x})\right) = P\left(\gamma^2\gamma^1\gamma^3\Psi(-ct, \vec{x})\right)$$

$$= -\gamma^0\gamma^1\gamma^2\gamma^3\Psi(-ct, -\vec{x})$$

$$= i\gamma^5\Psi(-x) \qquad (2.80)$$

mit

$$\gamma^5 = \gamma_5 := i\gamma^0\gamma^1\gamma^2\gamma^3 = \begin{pmatrix} 0 & \mathbb{1} \\ \mathbb{1} & 0 \end{pmatrix}. \qquad (2.81)$$

Für das spezielle Beispiel eines Elektrons mit negativer Energie und Impuls $-\vec{p}$ entgegen der z-Richtung wie in (2.50b), wählt man abweichend von (2.53)

$$\phi^{(+1)} = \begin{pmatrix} -i \\ 0 \end{pmatrix} = \psi^{(+1)}, \qquad (2.82a)$$

$$\phi^{(-1)} = \begin{pmatrix} 0 \\ -i \end{pmatrix} = \psi^{(-1)} \qquad (2.82b)$$

als Spinoren. Man sieht leicht, dass sie ebenfalls die notwendige Eigenwertgleichung (2.46) erfüllen. Für Spin $\downarrow$ erhält man also

$$CPT\left(\Psi_{p,-1}^{(-)}(x)\right) = i\gamma^5\Psi_{p,-1}^{(-)}(-x)$$

$$= i\gamma^5\frac{-c\not{p} + mc^2\mathbb{1}}{\sqrt{2mc^2(E_p + mc^2)}}\begin{pmatrix} 0 \\ 0 \\ 0 \\ -i \end{pmatrix} e^{-ik\cdot x}$$

---

[68] Die Vertauschung der Reihenfolge von CPT zu PCT ändert lediglich das Vorzeichen, welches durch die geeignete Wahl von Phasenfaktoren am Ende ohnehin zu $+1$ gewählt werden kann [vgl. Scadron, 2007, S. 112f.].

$$= \frac{c\not{p} + mc^2\mathbb{1}}{\sqrt{2mc^2(E_p + mc^2)}} \gamma^5 \begin{pmatrix} 0 \\ 0 \\ 0 \\ 1 \end{pmatrix} e^{-ik\cdot x}$$

$$= \frac{c\not{p} + mc^2\mathbb{1}}{\sqrt{2mc^2(E_p + mc^2)}} \begin{pmatrix} 0 \\ 1 \\ 0 \\ 0 \end{pmatrix} e^{-ik\cdot x}$$

$$= \Psi_{p,-1}^{(+)}(x). \tag{2.83}$$

Dabei wurde benutzt, dass γ^5 proportional zum Produkt der vier übrigen Gamma-Matrizen ist. Da diese für ungleiche Indizes miteinander antivertauschen, gilt

$$\{\gamma^5, \gamma^\mu\} = 0, \qquad \mu \in \{0, ..., 3\}.$$

Das Ergebnis von (2.83) entspricht also einem Positron[69] mit positiver Energie E_p, Impuls $\vec{p}$ und Spin $\downarrow$, bei dem die Spinoren gemäß (2.53) gewählt wurden.[70]

2.5.5 Exkurs: Antiteilchen in der Schule

Julian Schwingers außerordentlich deutliche Ablehnung der Löchertheorie[71] spiegelt ihre Entbehrlichkeit in der akademischen Physik auf dras-

---

[69] Genau genommen kann man die Ladung des beschriebenen Teilchens nicht an der Wellenfunktion ablesen, weil es sich hier um eine Lösung im feldfreien Raum handelt. Allerdings wurde in Abschnitt 2.5.1 die Auswirkung von C auf die Ladung des Teilchens diskutiert. Da sich zudem P und T bei ihrer Transformation eines Viererpotenzials A gegenseitig ‚ausgleichen', $PT(A_\mu)(x) = (A_\mu)(-x)$ [vgl. Bjorken u. Drell, 1998, S. 85], ist nachvollziehbar, dass eine PCT-Transformation die Ladung des entsprechenden Teilchens umkehrt.

[70] Auf den ersten Blick mag es seltsam erscheinen, wie hier mit den Spinoren $\phi^{(\pm)}$ und $\psi^{(\pm)}$ jongliert wurde, aber als Eigenspinoren sind diese grundsätzlich nur bis auf einen Skalar bestimmt. Dass dabei ‚an der Physik' nichts verändert wird, kann man sich dadurch verdeutlichen, dass diese Skalare aus jeder Operatorgleichung wieder herausgekürzt werden können. Die Normierung der Wellenfunktion, welche diesen Skalar auch bloß auf die Elemente des komplexen Einheitskreises beschränkt, tut ihr Übriges, damit Bilinearformen wie die Aufenthaltswahrscheinlichkeitsdichte vom konkreten Wert des Skalars unangetastet bleiben.

[71] Siehe hierzu Fußnote 56) auf Seite 58.

tische Art wider: Mit der Feynman-Stückelberg-Interpretation von Antiteilchen steht eine umfassendere und anschlussfähigere Theorie zur Verfügung, die daher vernünftigerweise zum Standard in der Wissenschaft
geworden ist. Aber ist die Löchertheorie tatsächlich so nutzlos, dass sie
in *allen* Bereichen der Physik keinen Mehrwert zu bieten vermag? Im Besonderen soll diese Frage nun im Kontext der Schulphysik behandelt werden. Dafür wurde eine Stichprobe von acht Oberstufen-Physikbüchern[72]
daraufhin untersucht, ob überhaupt, und wenn ja, welche Interpretation
von Antiteilchen darin präsentiert wird.

Dabei war allen Büchern gemein, dass sie in erster Linie rein deskrip-
tiv die Antiteilchen-Phänomene vorstellen, ohne diese näher zu moti-
vieren: Fast ausnahmslos werden die Effekte der Paarerzeugung und
-vernichtung aufbereitet und zumeist auf die Einstein'sche Gleichung
zur Äquivalenz zwischen Masse und Energie, $E = mc^2$, bezogen.[73] Eine
zumindest qualitative *Erklärung* mit Hilfe einer der beiden Interpretationen geschieht dagegen in der Regel nicht. Bei Dorn [vgl. 2007, S. 523-526]
sieht man gar explizit als Feynman-Graphen bezeichnete Diagramme, in
denen die Pfeile von Positronen und anderen Antiteilchen in Zeitrichtung
weisen. Dies hängt jedoch sehr wahrscheinlich nicht mit der Unwissen-
heit der Autoren zusammen, sondern mit dem Bestreben, Verwirrung
auf Seiten der Schülerinnen und Schüler zu vermeiden, die vom Bild der
rückwärts durch die Zeit reisenden Teilchen ausgelöst werden könnte.
Lediglich in Grehn u. Krause [vgl. 1999, S. 533] werden Antiteilchen
in einem halben Absatz als rückwärts in der Zeit laufende Teilchen beschrieben und aus diesem Blickwinkel die Phänomene der Paarerzeugung
und -vernichtung erklärt.

Die offensichtliche Scheu der meisten Schulbücher vor der Interpretation der Antiteilchen mag mit dem Spannungsfeld zwischen Wissen-
schaftspropädeutik und didaktischer Reduktion verknüpft sein: Es ist
schwierig einzuschätzen, wie viel Raum dabei überhaupt einem Thema
eingeräumt werden kann, das derart weit von der Lebenswelt der meisten
Schülerinnen und Schüler entfernt zu sein scheint. Die Gratwanderung
zwischen Elementarisierung und der Verpflichtung gegenüber der Fach-
wissenschaft birgt die Gefahr unverständlicher Verkürzungen, die Schü-

---

[72] [Backhaus u. a., 2008; Boysen u. a., 2008; Bredthauer u. a., 1987; Dorn, 2007;
    Grehn u. Krause, 1999; Kuhn, 1993; Meyer u. Schmidt, 2008; Schmidt u. a., 2010]
[73] Backhaus u. a. [2008] und Meyer u. Schmidt [2008] beschreiben das Auftreten von
    Positronen vor allem im Zusammenhang mit β^+-Zerfällen.

lerinnen und Schüler letzten Endes mit mehr Fragen zurücklassen als sie beantworten. Der scheinbare Widerspruch zwischen sich rückwärts durch die Zeit bewegenden Teilchen einerseits und der Unmöglichkeit sich mit Überlichtgeschwindigkeit zu bewegen um so rückwärts durch die Zeit zu reisen andererseits, bietet definitiv derartiges Konfliktpotenzial für die Schülerinnen und Schüler. Gleichzeitig wurde die sprichwörtliche ‚Büchse der Pandora' bereits geöffnet, wie beispielsweise der Welterfolg des Buchs „Illuminati" von Dan Brown [2003] und der gleichnamigen Verfilmung zeigen: Darin wird Antimaterie aus dem CERN entwendet und als Sprengsatz für einen Terroranschlag verwendet. Auch wenn diese Geschichte aus wissenschaftlicher Sicht relativ haarsträubend daherkommt, so findet sie dennoch Eingang in die Popkultur und bringt einige Jugendliche womöglich dazu, sich näher mit dem Thema beschäftigen zu wollen. In diesem Sinne hat der Physikunterricht sogar die Pflicht, aufkommende Fragen zu beantworten und das geweckte Interesse als Chance wahrzunehmen und es zu befriedigen.

Die Löchertheorie könnte dabei als mögliche Alternative erscheinen, denn das Konzept der Defektelektronen ist den meisten Schülerinnen und Schülern aus der Löcherleitung und dem Bändermodell[74] von Halbleitern bereits bekannt und dient damit als möglicher Anknüpfungspunkt. Andererseits sollten Modelle im Physikunterricht stets an drei Kriterien gemessen werden, nämlich ob sie *„fachgerecht, schülergerecht, zielgerecht"* [Kircher, 2009, S. 119] sind. Wie in den vorhergehenden Abschnitten bereits diskutiert, erfüllt die Löchertheorie das erste Kriterium nur bedingt: Sie ist weder auf Bosonen erweiterbar, noch lässt sie sich bruchlos zum wissenschaftlichen Standardmodell der Feynman-Stückelberg-Interpretation weiterentwickeln. Da sie in der Schule also eine ausreichende Interpretationsbasis darstellt, spätere Studierende aber gewissermaßen umlernen müssten, kann die Löchertheorie allenfalls als *„vorübergehend fachlich relevant"* bezeichnet werden [vgl. Kircher, 2009, S. 119]. Realistisch betrachtet wird allerdings nur ein Bruchteil der Schülerinnen und Schüler jemals eine über die Behelfserklärung der Löchertheorie hinausreichende Beschreibung von Antiteilchen benötigen. Zudem kann sie selbst als lückenhaftes Modell dann eine Bereicherung

---

[74] Die Löcherleitung in Halbleitern ist bis auf Bredthauer u. a. [1987] und Boysen u. a. [2008] in allen untersuchten Lehrbüchern zu finden.

für Studierende darstellen, wenn die Feynman-Stückelberg'sche Sichtweise einmal kompliziertere Argumentationsreihenfolgen erfordert.[75] Letztendlich kristallisieren sich, nach Meinung des Autors, drei Fragen aus dieser Diskussion heraus, die allesamt nur im Hinblick auf die Fähigkeiten und Interessen der Lerngruppe sowie die zur Verfügung stehende Unterrichtszeit hin beantwortet werden können, um den Einsatz der Löchertheorie in der Schule zu bewerten:

1. Ist ausreichend Zeit vorhanden, um das Thema Teilchenphysik im Unterricht anzuschneiden und wenn ja, kann über die phänomenologische Betrachtung[76] der Reaktionen von Teilchen und Antiteilchen hinausgegangen werden?

2. Können die themenübergreifenden Interpretationsschwierigkeiten, welche durch die Feynman-Stückelberg-Interpretation hervorgerufen werden können, ausführlich genug besprochen und gelöst werden?

3. Kann es, wenn man sich stattdessen für den Einsatz der Löchertheorie entschieden hat, in der vorliegenden Lerngruppe gelingen, die Denkmuster offen genug zu halten, damit sie zu einem späteren Zeitpunkt um die Feynman-Stückelberg-Interpretation erweitert werden können?

Besonders im Zuge des letztgenannten Punktes ist der Modellcharakter mit den zugehörigen Geltungsbereichen und Einschränkungen ein Aspekt, der nicht genug betont werden kann: Hinsichtlich eines Studiums oder eines weiterführenden Interesses an dem Thema kann die Löchertheorie nicht auf Dauer als gleichwertiges Erklärungsmodell zur Feynman-Stückelberg-Interpretation angesehen werden. Aus diesem Grund ist letztere das allgemein vermittelte Bild von Antiteilchen und sollte es im wissenschaftlichen Kontext auch bleiben.

---

[75] Dies kann beispielsweise im Zusammenhang mit Spin- und Impulszuständen der Lösungen der Dirac-Gleichung wie in den vorangegangenen Abschnitten dieses Kapitels der Fall sein.

[76] Mit eine phänomenologischen Betrachtung ist hier die reine Beschreibung der Phänomene gemeint, ohne dass versucht wird diese zu ergründen oder näher zu erklären.

3 Eine Quantentheorie des Lichts

Bevor die Quantisierung der Dirac-Theorie selbst in den Mittelpunkt rückt, beschäftigt sich dieses Kapitel mit der Quantisierung des elektromagnetischen Feldes, denn die Photonen spielen als Wechselwirkungsteilchen der Quantenelektrodynamik eine zentrale Rolle. Gerade weil das elektromagnetische Feld eines der fundamentalsten Felder ist, stößt man bei seiner Quantisierung auf besonders große Probleme: Photonen sind masselos, weshalb sie sich im Vakuum mit Lichtgeschwindigkeit fortbewegen, welche die größte physikalisch realisierbare Geschwindigkeit ist, mit der Information übertragen werden kann. Als masseloses Feld besitzt das elektromagnetische allerdings nur zwei unabhängige Komponenten, obwohl es durch einen Vierervektor A_μ beschrieben wird [vgl. Ryder, 2005, S. 141]. Die zwei unabhängigen Freiheitsgrade lassen sich auch dadurch erklären, dass sich das freie elektromagnetische Feld als Überlagerung transversaler ebener Wellen darstellen lässt. Diese Transversalität schränkt die Orientierung des Vektorpotenzials ein, weshalb sich die Anzahl der (voneinander unabhängigen) dynamischen Variablen auf zwei reduziert. Daher müssen lediglich die beiden transversalen Komponenten quantisiert werden. Eine solche Auszeichnung von zwei Komponenten führt allerdings zum Verlust der manifesten Lorentz-Kovarianz. Glücklicherweise bleibt die Korrektheit der am Ende resultierenden Ergebnisse, und was aus diesen gefolgert wird, davon unberührt [vgl. Bjorken u. Drell, 1967, S. 76].[1]

In diesem Kapitel wird das Strahlungsfeld kanonisch quantisiert, wobei folgendermaßen vorgegangen wird: Ausgehend von den Feldgleichungen wird mit Hilfe des Hamilton'schen Prinzips der kleinsten Wirkung

---

[1] Es gibt auch die Möglichkeit, das elektromagnetische Feld manifest kovariant zu quantisieren. Zuerst wurde dies von Gupta [1950] und Bleuler [1950] erreicht, allerdings auf Kosten der positiv definiten Wahrscheinlichkeit [vgl. Bjorken u. Drell, 1967, S. 75]. Siehe hierzu auch Greiner u. Reinhardt [1993, Kap. 7.3].

eine Lagrange-Dichte hergeleitet. Anschließend werden darauf aufbauend die zum Feld kanonisch konjugierten Impulse aufgestellt. Die Impulse und Felder werden sodann als Operatoren aufgefasst und unter
Verwendung kanonischer Bose-Vertauschungsrelationen quantisiert [vgl.
Bjorken u. Drell, 1967, S. 23]. Gezwungenermaßen wird das Vorgehen
an einigen Stellen vom archetypischen Beispiel der kanonischen Quantisierung des Klein-Gordon-Feldes[2] abweichen müssen. Dadurch wird der
besonderen Natur des elektromagnetischen Feldes Rechnung getragen.

3.1 Maxwell-Gleichungen und Feldstärketensor

Die Maxwell-Gleichungen lauten in Anwesenheit der Ladungsdichte ρ
und der Stromdichte $\vec{j}$ in rationalisierten Gauß-Einheiten:

$$\vec{\nabla} \cdot \vec{E} = \rho, \tag{3.1a}$$

$$\vec{\nabla} \times \vec{B} - \partial_0 \vec{E} = \frac{1}{c}\vec{j}, \tag{3.1b}$$

$$\vec{\nabla} \cdot \vec{B} = 0, \tag{3.1c}$$

$$\vec{\nabla} \times \vec{E} + \partial_0 \vec{B} = 0. \tag{3.1d}$$

Mit der Definition des elektromagnetischen Viererpotenzials

$$A = (A^\mu) = (\Phi, \vec{A}), \tag{3.2}$$

welches aus dem skalaren Potenzial Φ und dem Vektorpotenzial $\vec{A}$ zusammengesetzt wird, lassen sich das elektrische und magnetische Feld
folgendermaßen darstellen:

$$\vec{E} = -\vec{\nabla}\Phi - \partial_0 \vec{A}, \tag{3.3a}$$

$$\vec{B} = \vec{\nabla} \times \vec{A}. \tag{3.3b}$$

Aus (3.3) folgen unmittelbar die Maxwell-Gleichungen (3.1c) und (3.1d).

---

[2] Dieses kann beispielsweise bei Itzykson u. Zuber [2005, Kap. 3.1], Bjorken u. Drell
[1967, Kap. 12], Mandl u. Shaw [2010, Kap. 3] oder Greiner u. Reinhardt [1993,
Kap. 4] nachgelesen werden.

Nun lässt sich die elektrische und magnetische Feldstärke im Feldstärketensor zusammenfassen, der ein antisymmetrischer Tensor zweiter Stufe ist. Man definiert hierzu seine Einträge gemäß

$$(F^{\mu\nu}) := (\partial^\nu A^\mu - \partial^\mu A^\nu) = \begin{pmatrix} 0 & E_1 & E_2 & E_3 \\ -E_1 & 0 & B_3 & -B_2 \\ -E_2 & -B_3 & 0 & B_1 \\ -E_3 & B_2 & -B_1 & 0 \end{pmatrix} \tag{3.4}$$

[vgl. Bjorken u. Drell, 1967, S. 76f. und Schwabl, 2005, S. 312]. Wegen der offensichtlichen Antisymmetrie beweist man die Form der Einträge leicht durch explizite Berechnung und den Vergleich mit (3.3):

$$(F^{0\nu}) = (g^{\nu\mu}\partial_\mu A^0 - \partial^0 A^\nu) = (0, \vec{E}) = (-F^{\nu 0})^T,$$

$$F^{12} = -\partial_2 A_1 + \partial_1 A_2 = B_3 = -F^{21},$$

$$F^{13} = -\partial_3 A_1 + \partial_1 A_3 = -B_2 = -F^{31},$$

$$F^{23} = -\partial_3 A_2 + \partial_2 A_3 = B_1 = -F^{32}.$$

Mit Hilfe des Feldstärketensors lassen sich die beiden inhomogenen Maxwell-Gleichungen (3.1a) und (3.1b) zusammenfassen durch

$$(\partial_\nu F^{\mu\nu}) = \begin{pmatrix} \vec{\nabla} \cdot \vec{E} \\ \partial_0 \vec{E} + \vec{\nabla} \times \vec{B} \end{pmatrix} = \frac{1}{c} \begin{pmatrix} c\rho \\ \vec{j} \end{pmatrix} =: \frac{1}{c}(j^\mu). \tag{3.5}$$

3.2 Kanonische Quantisierung im ladungsfreien Raum

3.2.1 Lagrange-Dichte des elektromagnetischen Feldes

Betrachtet man nun den Fall, dass weder Ladungen noch Ströme anwesend sind, dann verschwinden die Komponenten des kontravarianten Viererstroms j^μ in (3.5) und die Gleichung reduziert sich zu

$$\partial_\nu F^{\mu\nu} = \Box A^\mu - \partial^\mu(\partial_\nu A^\nu) = 0 \tag{3.6}$$

[vgl. Ryder, 2005, S. 141]. Auf der Suche nach einer passenden Lagrange-Dichte geht man nun den üblichen Weg rückwärts: Anstatt mit der

Lagrange-Funktion zu beginnen, zeitlich über diese zu integrieren und zu fordern, dass die Variation der Wirkung, welche man hieraus erhält, verschwindet und daraus die Bewegungsgleichungen zu folgern, wird mit den Maxwell'schen Bewegungsgleichungen in der Form (3.6) gestartet. Man multipliziert diese anschließend mit einer infinitesimalen Variation δA_μ, die zu den Zeitpunkten t_1 und t_2 verschwinden soll und integriert im Intervall (t_1, t_2) über den gesamten Raum-Zeit-Bereich. Das Hamilton'sche Prinzip liefert

$$0 = -\frac{1}{4}\delta \left(\int_{t_1}^{t_2} d^4x F^{\mu\nu} F_{\mu\nu} \right). {}^{3)} \tag{3.7}$$

Hieraus liest man nun

$$\mathscr{L} := -\frac{1}{4} F_{\mu\nu} F^{\mu\nu} \tag{3.8a}$$

$$= -\frac{1}{4}(\partial_\nu A_\mu - \partial_\mu A_\nu)(\partial^\nu A^\mu - \partial^\mu A^\nu) \tag{3.8b}$$

$$= -\frac{1}{4}((\partial_\nu A_\mu - \partial_\mu A_\nu)\partial^\nu A^\mu + (\partial_\mu A_\nu - \partial_\nu A_\mu)\partial^\mu A^\nu)$$

$$= -\frac{1}{2}(\partial_\nu A_\mu - \partial_\mu A_\nu)\partial^\nu A^\mu \tag{3.8c}$$

als passenden Kandidaten für die Lagrange-Dichte des Strahlungsfelds im ladungsfreien Raum ab [vgl. Bjorken u. Drell, 1967, S. 77].

3.2.2 Strahlungseichung, konjugierte Impulse und gleichzeitige Vertauschunsrelationen im Ortsraum

Das Potenzial A ist durch den Feldtstärketensor beziehungsweise die Feldstärken (3.3) nicht vollständig bestimmt. Stattdessen besitzt das Potenzial A eine gewisse Eichfreiheit, kann also durch eine Eichtransformation (2.62)

$$A_\mu \to A'_\mu = A_\mu + \partial_\mu \xi(x)$$

${}^{3)}$ Gleichung (3.7) wird im Anhang auf Seite 138 hergeleitet.

abgeändert werden, ohne dass der Feldstärketensor und damit die messbaren Felder abgeändert werden. Wählt man zunächst ξ derart, dass $\Box\xi = -\partial_\mu A^\mu$, dann erhält man die sogenannte Lorenz-Eichung,[4] in der

$$\partial_\mu A^\mu = 0$$

gilt. Dadurch werden die überzähligen Freiheitsgrade um einen reduziert. Durch eine weitere Eichtransformation

$$A'_\mu \to A''_\mu = A'_\mu + \partial_\mu \xi'(x)$$

mit $\Box\xi' = 0$ und $\dfrac{\partial\xi'}{\partial t} = -A'_0$ erreicht man, dass

$$A''_0 = A'_0 + \partial_0\xi' = 0,$$

während immer noch gilt, dass

$$\partial_\mu A''^\mu = \partial_\mu A'^\mu + \Box\xi = 0.$$
$$\Rightarrow A''_0 = 0 = \vec{\nabla} \cdot \vec{A}''. \tag{3.9}$$

Diese Eichung wird als Coulomb- oder Strahlungseichung bezeichnet und hat den Vorteil, dass sie auch den zweiten überzähligen Freiheitsgrad manifest ausschaltet [vgl. Ryder, 2005, S. 141f.]. In ihr kommen nur noch die beiden transversalen Freiheitsgrade des Strahlungsfeldes vor [vgl. Bjorken u. Drell, 1967, S. 80]. Im Folgenden wird die Strahlungseichung verwendet, wobei die Striche zur angenehmeren Lesbarkeit unterdrückt werden.

Um mit der kanonischen Quantisierung fortzufahren, definiert man die zu den Feldern A_μ konjugierten Impulse via

$$\pi^\mu := \frac{\partial\mathcal{L}}{\partial(\dot{A}_\mu)}{}^{5)} \tag{3.10}$$

---

[4] Diese geht auf Ludvig Lorenz zurück. Wegen der Namensähnlichkeit wird sie allerdings häufig Hendrik Antoon Lorentz zugeschrieben [vgl. Jackson u. Okun, 2001, S. 12ff.].

und erhält so mit Hilfe von (3.8c)

$$\pi^\mu = -\frac{1}{2}\frac{\partial}{\partial(\dot{A}_\mu)}\left(\partial_\nu A_\rho \partial^\nu A^\rho - \partial_\rho A_\nu \partial^\nu A^\rho\right)$$

$$= -\frac{1}{2}\frac{\partial}{\partial(\dot{A}_\mu)}\left(-\frac{1}{c^2}\dot{A}_\rho\dot{A}^\rho + \partial_i A_\rho \partial^i A^\rho\right.$$

$$\left. -\frac{1}{c^2}\dot{A}_0\dot{A}^0 - \frac{2}{c}\dot{A}_i\partial^i A^0 - \partial_i A_j\partial^j A^i\right)$$

$$= \frac{1}{2}\frac{\partial}{\partial(\dot{A}_\mu)}\left(\frac{1}{c^2}\left(\dot{A}^j\right)^2 - \partial_i A_\rho\partial^i A^\rho + \frac{2}{c}\dot{A}_j\partial^j A^0 + \partial_i A_j\partial^j A^i\right).$$

$$\Rightarrow \pi^0 = 0, \tag{3.11a}$$

$$\pi^j = -\frac{1}{c^2}\dot{A}^j + \frac{1}{c}\partial^j A^0 = -\frac{1}{c^2}\dot{A}^j + 0 = \frac{E_j}{c}. \tag{3.11b}$$

Dabei wurde benutzt, dass $A_j = -A^j$ und $\partial_j = -\partial^j$ ist, erst im vorletzten Schritt wurde die Eichung berücksichtigt.

An dieser Stelle kommen nun die Besonderheiten des Strahlungsfeldes ins Spiel, weshalb es notwendig ist, ein Stück weit vom üblichen Vorgehen der kanonischen Quantisierung abzuweichen [vgl. Ryder, 2005, S. 142]. Dieses bestünde eigentlich darin, die Potenziale A_μ und die zu ihnen kanonisch konjugierten Impulse π^μ als Operatoren aufzufassen und folgende gleichzeitige Kommutatorrelationen zu fordern:

$$[A^\mu(ct,\vec{x}), A^\nu(ct,\vec{x}')] = 0 = [\pi^\mu(ct,\vec{x}),\pi^\nu(ct,\vec{x}')]^{\,6)} \tag{3.12a}$$

$$[A_\mu(ct,\vec{x}),\pi^\nu(ct,\vec{x}')] = [g_{\mu\rho}A^\rho(ct,\vec{x},\pi^\nu(ct,\vec{x}')] = i\hbar\delta_{\mu\nu}\delta^3(\vec{x}-\vec{x}').^{7)} \tag{3.12b}$$

---

5) „'" steht an dieser stelle ausdrücklich für die zeitliche Ableitung, also $\dot{A}_\mu = \partial_t A_\mu = c\partial_0 A_\mu$, und darf nicht mit der Ableitung nach der nullten Komponente des Ortes $\partial_0 = \frac{1}{c}\frac{\partial}{\partial t}$ verwechselt werden.

6) Üblicherweise findet man in der Literatur $(\vec{x},t)$ als Argumente der Operatoren in den Vertauschungsrelationen im Ortsraum. Zum Zwecke einer konsistenten Notation wird an dieser Stelle jedoch an der Notation der Raumzeit-Punkte durch $x = (ct,\vec{x})$ festgehalten, weil andernfalls mit $A^\mu(\vec{x},t)$ und $A^\mu(x)$ zwei Ausdrücke für dasselbe physikalische Objekt verwendet würden.

7) Diese Gleichung genügt eigentlich nicht den formalen Kriterien der Tensorrechnung, was man an der Position der Indizes auf der linken beziehungsweise rechten Seite erkennt. Das verantwortliche Kronecker-δ liefert aber die eigentlich korrekten Werte [vgl. Ryder, 2005, S. 142].

Man sieht sich allerdings mit gleich mehreren Problemen konfrontiert:

1. Gleichung (3.12b) steht für $\mu = 0 = \nu$ im direkten Widerspruch zu (3.11a). Also passt man die geforderten Vertauschungsrelationen (3.12) folgendermaßen an:

$$[A^\mu(ct, \vec{x}), A^\nu(ct, \vec{x}')] = 0, \tag{3.13a}$$

$$[\pi^j(ct, \vec{x}), \pi^k(ct, \vec{x}')] = 0, \tag{3.13b}$$

$$[A^0(ct, \vec{x}), \pi^k(ct, \vec{x}')] = 0, \tag{3.13c}$$

$$[A_j(ct, \vec{x}), \pi^k(ct, \vec{x}')] = [-A^j(ct, \vec{x}), \pi^k(ct, \vec{x}')] = i\hbar\delta_{jk}\delta^3(\vec{x} - \vec{x}'). \tag{3.13d}$$

2. Durch diese Quantisierung wird das Potenzial A_0 allerdings besonders ausgezeichnet, denn weil π^0 verschwindet, vertauscht A_0 automatisch mit allen Impulsoperatoren. Dieser Unterschied zu den übrigen A_j hat den Verlust der manifesten Kovarianz zur Folge und hat im Übrigen nichts mit der Wahl der konkreten Eichung zu tun [vgl. Bjorken u. Drell, 1967, S. 78].[8]

3. Auch die angepasste Relation (3.13d) ist noch nicht befriedigend, denn wegen des Gauß'schen Gesetzes (3.1a) gilt im ladungsfreien Raum

$$\partial'_k[A_j(ct, \vec{x}), \pi^k(ct, \vec{x}')] = \left[\frac{1}{c}\underbrace{\partial'_k E^k(ct, \vec{x}')}_{=0}, A^j(ct, \vec{x})\right] = 0.$$

Andererseits ist aber

$$\partial'_k[A_j(ct, \vec{x}), \pi^k(ct, \vec{x}')] = i\hbar\delta_{jk}\partial'_k\delta^3(\vec{x} - \vec{x}') = i\hbar\partial_j\delta^3(\vec{x} - \vec{x}')$$

$$= \hbar\int\frac{d^3k}{(2\pi)^3}k^j e^{i\vec{k}\cdot(\vec{x}-\vec{x}')} \neq 0.$$

---

[8] Die Unabhängigkeit von der Eichung erkennt man schon daran, dass die gewählte Eichung noch gar nicht zum Tragen gekommen ist. Man könnte sie, wie Bjorken u. Drell [vgl. 1967, S. 79], auch erst zu einem späteren Zeitpunkt einführen.

Dabei wurde benutzt, dass im Impulsraum

$$\delta^3(\vec{x} - \vec{x}') = \int \frac{d^3k}{(2\pi)^3} e^{i\vec{k}\cdot(\vec{x}-\vec{x}')} \tag{3.14}$$

gilt. Hätte man auf beiden Seiten die Divergenz bezüglich $\vec{x}$ berechnet, wäre es durch die Eichung (3.9) zu einem analogen Widerspruch gekommen [vgl. Bjorken u. Drell, 1967, S. 79 und Ryder, 2005, S. 142].

Um dieses Problem zu lösen, wird das Produkt $\delta_{jk}\delta^3(\vec{x}-\vec{x}')$ üblicherweise durch die sogenannte „transversale ‚δ-Funktion‘"

$$\delta_{jk}^{tr}(\vec{x} - \vec{x}') := \int \frac{d^3k}{(2\pi)^3} e^{i\vec{k}\cdot(\vec{x}-\vec{x}')} \left(\delta_{jk} - \frac{k_j k_k}{|\vec{k}|^2}\right)$$

ersetzt [Bjorken u. Drell, 1967, S. 79]. Transversal bedeutet in diesem Zusammenhang, dass die Divergenz verschwindet, denn

$$k_j \left(\delta_{jk} - \frac{k_j k_k}{|\vec{k}|^2}\right) = 0.$$

Damit lautet die einzige nicht-verschwindende Vertauschungsrelation der Strahlungsquantisierung

$$[\pi^k(ct, \vec{x}'), A^j(ct, \vec{x})] = i\hbar \delta_{jk}^{tr}(\vec{x} - \vec{x}')$$
$$\overset{(3.11b)}{\Leftrightarrow} [A^j(ct, \vec{x}), \dot{A}^k(ct, \vec{x}')] = ic^2\hbar \delta_{jk}^{tr}(\vec{x} - \vec{x}'). \tag{3.15}$$

An dieser Stelle wäre es möglich zu zeigen, dass die Theorie zusammen mit den Vertauschungsrelationen (3.13a) bis (3.13c) und (3.15) invariant gegenüber Translationen und Drehungen ist und dass die einzige Änderung, die eine Lorentz-Transformation bei dieser abgeänderten Quantisierung mit sich bringt, eine Änderung der Eichung ist [vgl. Bjorken u. Drell, 1967, S. 80]. Darauf wird an dieser Stelle allerdings verzichtet.

3.2.3 Entwicklung des Strahlungsfeldes und Vertauschungsrelationen im Impulsraum

In der Coulomb-Eichung reduzieren sich die Maxwell-Gleichungen im ladungsfreien Raum aus Gleichung (3.6) wegen $\partial_\nu A^\nu = 0$, $\vec{\nabla} \cdot \vec{A} = 0$ und $A^0 = 0$ weiter auf

$$\Box \vec{A} = 0. \tag{3.16}$$

Es wäre möglich, Gleichung (3.16) durch Separation der Variablen zu lösen, allerdings wird dem geneigten Leser auffallen, dass sich (3.16) für jede Komponente als Klein-Gordon-Gleichung eines masselosen Teilchens auffassen lässt. Man kann die Lösung also in direkter Analogie zu (2.6) konstruieren, solange der Vektorcharakter bedacht wird. Hierzu führt man reelle Polarisationsvektoren $\vec{\epsilon}^{(\lambda)}(k)$ ein, wobei λ wegen der zwei Einstellungsmöglichkeiten des Photonenspins zwei Werte annehmen kann, wie man gleich sehen wird. Weiterhin können die Polarisationsvektoren orthonormal zueinander gewählt werden, sodass sie zusammen mit dem Wellenvektor $\vec{k}$ eine rechtshändige Basis des $\mathbb{R}^3$ bilden. Es gilt also

$$\vec{\epsilon}^{(\lambda)}(k) \cdot \vec{\epsilon}^{(\lambda')}(\pm k) = \pm \delta_{\lambda\lambda'}. \tag{3.17}$$

Die allgemeine Lösung von (3.16) lautet damit:

$$\vec{A}(x) = \int \frac{d^3k}{(2\pi)^3 2\hbar\omega(\vec{k})} \sum_{\lambda=1}^{2} \vec{\epsilon}^{(\lambda)}(k) \left(a^{(\lambda)}(k) e^{-ik\cdot x} + a^{(\lambda)\dagger}(k) e^{ik\cdot x} \right)$$

$$\tag{3.18}$$

mit der Dispersionsbeziehung $k_0 = \dfrac{\omega(\vec{k})}{c} = \left|\vec{k}\right|$.

Die Eichbedingung $\vec{\nabla} \cdot \vec{A} = 0$ liefert dann

$$\vec{k} \cdot \vec{\epsilon}^{(\lambda)}(k) = 0,$$

was die Transversalität von $\vec{A}$ widerspiegelt und damit zugleich die Anzahl der möglichen Werte von λ auf zwei begrenzt [vgl. Ryder, 2005, S.

143]. Bevor man fortfährt, sind die Definition $a \overset{\leftrightarrow}{\partial_t} b := a\dfrac{\partial b}{\partial t} - b\dfrac{\partial a}{\partial t}$ und folgende Identitäten hilfreich:[9]

$$\dot{\vec{A}}(x) = \int \frac{d^3k}{(2\pi)^3 2\hbar\omega(\vec{k})} \sum_{\lambda=1}^{2} \vec{\epsilon}^{(\lambda)}(k)\Big(a^{(\lambda)}(k)(-i\omega(\vec{k}))e^{-ik\cdot x} \tag{3.19}$$
$$+a^{(\lambda)\dagger}(k)(i\omega(\vec{k}))e^{ik\cdot x}\Big),$$

$$i\int d^3x \left(e^{ik\cdot x}\overset{\leftrightarrow}{\partial_t} e^{-ik'\cdot x}\right) = (2\pi)^3 2\omega(\vec{k})\delta^3(\vec{k}-\vec{k}'), \tag{3.20}$$

$$i\int d^3x \left(e^{-ik\cdot x}\overset{\leftrightarrow}{\partial_t} e^{-ik'\cdot x}\right) = 0. \tag{3.21}$$

Hiermit gerüstet, lassen sich die ‚Entwicklungskoeffizienten' $a^{(\lambda)}(k)$ und $a^{(\lambda)\dagger}(k)$, die durch die Quantisierung zu Operatoren geworden sind, durch $\vec{A}$ ausdrücken:

$$i\hbar \int d^3x e^{ik\cdot x}\overset{\leftrightarrow}{\partial_t} \vec{\epsilon}^{(\lambda)}(k)\cdot\vec{A}(x) = a^{(\lambda)}(k).^{[10]} \tag{3.22}$$

Durch eine vollkommen analoge Rechnung oder Adjungieren von (3.22) erhält man

$$a^{(\lambda)\dagger}(k) = -i\hbar \int d^3x e^{-ik\cdot x}\overset{\leftrightarrow}{\partial_t} \vec{\epsilon}^{(\lambda)}(k)\cdot\vec{A}(x). \tag{3.23}$$

Man betrachtet $a^{(\lambda)}(k)$ und $a^{(\lambda)\dagger}(k)$ nicht mehr als bloße Koeffizienten, sondern als Operatoren, deren Vertauschungsrelationen als nächstes auszurechnen sind. Dazu werden die Ausdrücke (3.22) und (3.23)

---

[9] Der Beweis von (3.20) und (3.21) findet sich auf Seite 139.

[10] Der genaue Rechenweg kann auf Seite 139 nachvollzogen werden.
    Man sieht $a^{(\lambda)}(k)$ an, dass es nicht von der Zeit abhängt. Dies ist für die linke Seite von (3.22) aber zumindest nicht offensichtlich. Die Unabhängigkeit von der Zeit hängt damit zusammen, dass (3.18) nach ebenen Wellen entwickelt wurde [vgl. Bjorken u. Drell, 1967, S. 37]. Die Umkehrung der Entwicklung (3.18) steht im Zusammenhang mit dem LSZ-Formalismus von Lehmann u. a. [1955], welcher eine große Rolle bei der Bestimmung der Matrixelemente von Feldoperatoren und der Streumatrix spielt.

eingesetzt und mit Hilfe von (3.13a), (3.13b) sowie (3.15) vereinfacht. So entsteht:[11]

$$
\begin{aligned}
\left[a^{(\lambda)}(k), a^{(\lambda')\dagger}(k')\right] &= \hbar^3 c^2 \int d^3x d^3x' \; e^{i(k\cdot x - k'\cdot x')}(\omega + \omega') \\
&\qquad \times \epsilon_j^{(\lambda)}(k)\epsilon_k^{(\lambda')}(k')\delta_{jk}^{tr}(\vec{x}' - \vec{x}) \\
&= \hbar^3 c^2 \int d^3x e^{i(k-k')\cdot x}(\omega + \omega')\epsilon_j^{(\lambda)}(k)\epsilon_k^{(\lambda')}(k') \\
&= 2\omega(\vec{k})(2\pi\hbar)^3 c^2 \delta_{\lambda\lambda'}\delta^3(\vec{k} - \vec{k}').
\end{aligned}
\tag{3.24a}
$$

Nach dem gleichen Prinzip lässt sich auch zeigen, dass

$$
\left[a^{(\lambda)}(k), a^{(\lambda')}(k')\right] = 0, \tag{3.24b}
$$

$$
\left[a^{(\lambda)\dagger}(k), a^{(\lambda')\dagger}(k')\right] = 0 \tag{3.24c}
$$

[vgl. Ryder, 2005, S. 143f. und Bjorken u. Drell, 1967, S. 82f.][12]. Alternativ zum obigen Vorgehen hätte man die Vertauschungsrelationen (3.24) an den Anfang stellen und daraus (3.13a) bis (3.13c) sowie (3.15) herleiten können. Ein solches Vorgehen wird bei Greiner u. Reinhardt [vgl. 1993, S. 229f.] demonstriert. Gemeinsam zeigen sie die Äquivalenz der Vertauschungsrelationen im Impuls- beziehungsweise Ortsraum.

3.2.4 Teilcheninterpretation anhand der Hamilton- und Impulsoperatoren des quantisierten Maxwell-Feldes

Um die fundamentale Rolle der Operatoren $a^{(\lambda)}(k)$ und $a^{(\lambda)\dagger}(k)$ verstehen zu können, ist es hilfreich, zunächst einen Schritt zurückzutreten und einen Ausdruck für den Hamiltonoperator zu finden. Die klassische Feldtheorie definiert dessen Dichte in Abhängigkeit von der zeitlichen

---

[11] Die Beispielrechnung des ersten Kommutators findet sich auf Seite 140. Die beiden anderen Rechnungen laufen analog.

[12] An dieser Stelle wurde die Entwicklung des Vektorpotenzials wie bei Ryder [2005, S. 143] normiert. Bei anderen Autoren, wie etwa Bjorken u. Drell [1967, S. 82] oder Greiner u. Reinhardt [1993, S. 229], kann die Normierung eine andere sein. Zudem ist beim Vergleich mit der Literatur zu beachten, dass man dort fast ausschließlich natürliche Einheiten findet, in denen $\hbar = 1 = c$ gilt.

Ableitung des Feldes, dem kanonisch zum Feld konjugierten Impuls und der Lagrange-Dichte durch

$$\tilde{\mathscr{H}}(x) = \pi^k(x)\dot{A}_k(x) - \mathscr{L} \qquad (3.25)$$

[vgl. Bjorken u. Drell, 1967, S. 78]. Mit einer längeren Rechnung[13] ergibt sich daraus der Hamiltonoperator

$$\tilde{H} = \int d^3x\,\mathscr{H}$$

$$= \int \frac{d^3k}{(2\pi\hbar)^3 4\omega(\vec{k})c^2} \sum_{\lambda=1}^{2} \hbar\omega(\vec{k})\left(a^{(\lambda)}(k)a^{(\lambda)\dagger}(k) + a^{(\lambda)\dagger}(k)a^{(\lambda)}(k)\right)$$

[vgl. Ryder, 2005, S. 145].

Definiert man nun analog zu Ryder [vgl. 2005, S. 129] den Operator $\tilde{N}^{(\lambda)}(k)$ über

$$(2\pi\hbar)^3 2\omega(\vec{k})c^2\delta^3(0)\tilde{N}^{(\lambda)}(k) := a^{(\lambda)\dagger}(k)a^{(\lambda)}(k), \qquad (3.26)$$

erhält man mit Hilfe von (3.24a)

$$\tilde{H} = \int d^3x\,\tilde{\mathscr{H}}$$

$$= \int \frac{d^3k}{(2\pi\hbar)^3 4\omega(\vec{k})c^2} \sum_{\lambda=1}^{2} \hbar\omega(\vec{k})\left(\left[a^{(\lambda)}(k), a^{(\lambda)\dagger}(k)\right] + 2a^{(\lambda)\dagger}(k)a^{(\lambda)}(k)\right)$$

$$= \int d^3k \sum_{\lambda=1}^{2} \hbar\omega(\vec{k})\left(\frac{1}{2}\delta^3(0) + \delta^3(0)\tilde{N}^{(\lambda)}(k)\right). \qquad (3.27)$$

Dies legt die Interpretation von $\tilde{N}^{(\lambda)}(k)$ als eine Art Teilchenzahloperator nahe, dessen Eigenwert $\tilde{n}^{(\lambda)}(k)$ die Anzahl der Photonen mit Viererimpuls $\hbar k$ und Polarisation λ ist. $\delta^3(0)\tilde{N}^{(\lambda)}(k)$ ist entsprechend ein Operator für die Teilchendichte bezogen auf ein ‚Volumen' des Impulsraumes. Die Definition (3.26) birgt jedoch das Problem, dass

---

[13] Diese findet sich im Anhang auf Seite 143.

$\delta^3(0) = \int \frac{d^3x}{(2\pi)^3} e^{i(\vec{k}-\vec{k})\cdot\vec{x}}$ nicht endlich ist.[14] Ohne Schwierigkeiten lässt sich dagegen der Operator

$$N^{(\lambda)} := \int d^3k \frac{a^{(\lambda)\dagger}(k)a^{(\lambda)}(k)}{(2\pi\hbar)^3 2\omega(\vec{k})c^2} = \int d^3k \tilde{N}^{(\lambda)}(k) \qquad (3.28)$$

für die *absolute Teilchenzahl* [vgl. Scherer, 2008, S. 94] mit Polarisation λ definieren.

Um eine Interpretation der Operatoren $a^{(\lambda)}(k)$ und $a^{(\lambda)\dagger}(k)$ zu erhalten, betrachtet man[15]

$$N^{(\lambda)}a^{(\lambda')\dagger}(k') = \int d^3k \frac{a^{(\lambda)\dagger}(k)}{(2\pi\hbar)^3 2\omega(\vec{k})c^2} a^{(\lambda)}(k)a^{(\lambda')\dagger}(k')$$

$$\overset{(3.24a)}{=} \int d^3k \frac{a^{(\lambda)\dagger}(k)}{(2\pi\hbar)^3 2\omega(\vec{k})c^2} \Big(a^{(\lambda')\dagger}(k')a^{(\lambda)}(k)$$
$$+ (2\pi\hbar)^3 2\omega(\vec{k})c^2 \delta_{\lambda\lambda'}\delta^3(\vec{k}-\vec{k}') \Big)$$

$$\overset{(3.24c)}{=} \int d^3k \frac{a^{(\lambda')\dagger}(k')}{(2\pi\hbar)^3 2\omega(\vec{k})c^2} \Big(a^{(\lambda)\dagger}(k)a^{(\lambda)}(k)$$
$$+ (2\pi\hbar)^3 2\omega(\vec{k})c^2 \delta_{\lambda\lambda'}\delta^3(\vec{k}-\vec{k}') \Big)$$

$$= a^{(\lambda')\dagger}(k')\Big(N^{(\lambda)} + \delta_{\lambda\lambda'}\underbrace{\int d^3k \delta^3(\vec{k}-\vec{k}')}_{=1} \Big)$$

---

[14] Meistens wird dieses Problem dadurch umgangen, dass der Impulsraum in Zellen mit Volumen ΔV_k diskretisiert wird. Dabei geschehen die Übergänge $\int d^3k \to \sum_k \Delta V_k$ und $\delta^3(\vec{k}-\vec{k}') \to \frac{\delta_{kk'}}{\Delta V_k}$. Solange kein Grenzübergang $\Delta V_k \to 0$ stattfindet, tauchen keine Divergenzen auf, sodass sich problemlos Teilchenzahloperatoren für die Anzahl der im Impulsraumvolumen ΔV_k um k befindlichen Quanten definieren lassen. Siehe hierzu Bjorken u. Drell [vgl. 1967, S. 39ff.]. In dieser Arbeit wird jedoch auf diesen eleganten Ausweg verzichtet, um nicht zwischen diskreter und Kontinuumsschreibweise wechseln zu müssen.

[15] In dieser Notation werden Zustände als Vektoren eines Hilbertraums, des sogenannten Fock-Raums dargestellt. Anders als die obige Schreibweise es nahelegen mag, ist dieser eigentlich nicht diskret, denn es gibt überabzählbar viele mögliche Impulse, die ein freies Teilchen annehmen kann.

und analog

$$N^{(\lambda)} a^{(\lambda')}(k') = a^{(\lambda')}(k') \left(N^{(\lambda)} - \delta_{\lambda\lambda'} \underbrace{\int d^3k \delta^3(\vec{k} - \vec{k}')}_{=1} \right).$$

$a^{(\lambda)\dagger}(k)$ erhöht also die Teilchenzahl, das heißt den Eigenwert von N, um 1, während $a^{(\lambda)}(k)$ ihn um 1 verringert. Sie werden daher auch als Erzeugungs- und Vernichtungsoperatoren eines Quants mit Viererimpuls $\hbar k$ bezeichnet.[16] Mit der Definition, dass a angewendet auf das Vakuum $|0\rangle := |0(k)\rangle$ den Eigenwert 0 besitzt,

$$a^{(\lambda)} |0\rangle = 0,$$

ist ersichtlich, wieso N nur ganzzahlige nicht-negative Eigenwerte besitzt. Ein Zustand mit $n^{(\lambda)}(k) \in \mathbb{N}_0$ Teilchen mit Viererimpuls $\hbar k$ kann dann durch

$$\left| ..., n^{(\lambda)}(k), ... \right\rangle \sim \left(a^{(\lambda)\dagger}(k) \right)^{n^{(\lambda)}(k)} |..., 0, ...\rangle$$

so verstanden werden, dass er, bis auf die Normierung, durch $n^{(\lambda)}(k)$-fache Anwendung des Erzeugungsoperators $a^{(\lambda)\dagger}(k)$ aus einem Zustand ohne Teilchen mit Impuls $\hbar k$ entstanden ist.[17]

Der konstante Term im Integranden von (3.27) sorgt für eine unendlich große Vakuumenergie. Da diese schon bei der Löchertheorie einen unangenehmen Beigeschmack hatte und man ohnehin nur Energieunterschiede messen kann, ist es sowohl vernünftig als auch unproblematisch, den Hamiltonoperator einfach neu zu definieren und dadurch die unendliche Energie zu eliminieren. Mathematisch rigoros geschieht dies mit Hilfe der sogenannten Normalordnung der Operatoren. Hierbei werden die Vernichtungsoperatoren rechts von allen Erzeugungsoperatoren geschrieben. Als Konsequenz verschwindet der Vakuumerwartungswert je-

---

[16] Dass sie den Viererimpuls um ein solches Quant erhöhen und verringern, wird im Anhang auf Seite 149 gezeigt.

[17] Diese Interpretation von a, $a^\dagger$ und N lässt sich auch aus einem Vergleich mit dem harmonischen Oszillator ableiten, siehe beispielsweise Mandl u. Shaw [vgl. 2010, S. 5ff.].

des Normalprodukts von Operatoren [vgl. Mandl u. Shaw, 2010, S. 42], wie man es am Beispiel des Hamiltonoperators beobachten kann:

$$H := \; : \tilde{H} :$$

$$= \int \frac{d^3k}{(2\pi\hbar)^3 4\omega(\vec{k})c^2} \sum_{\lambda=1}^{2} \hbar\omega(\vec{k}) \; : \underbrace{\left(a^{(\lambda)}(k)a^{(\lambda)\dagger}(k) + a^{(\lambda)\dagger}(k)a^{(\lambda)}(k) \right)}_{=2a^{(\lambda)\dagger}(k)a^{(\lambda)}(k)} :$$

$$= \int d^3k \sum_{\lambda=1}^{2} \hbar\omega(\vec{k})\delta^3(0)\tilde{N}^{(\lambda)}(k). \tag{3.29}$$

Der Hamiltonoperator lässt sich als erste Komponente eines Vierer-Impulsoperators schreiben, der durch

$$cP^\mu := \int d^3x \; : \left(c\pi^j \partial^\mu \phi_j - \mathscr{L}g^{0\mu} \right) : \tag{3.30}$$

gegeben ist [vgl. Mandl u. Shaw, 2010, S. 35 und Rebhan, 2010, S. 177]. Dabei ist π_j der zum Feld ϕ_j kanonisch konjugierte Impuls. So errechnet man[18] im Falle des quantisierten elektromagnetischen Feldes als normalgeordneten Impulsoperator

$$\vec{P} = \int d^3k \; \hbar\vec{k} \sum_{\lambda=1}^{2} \delta^3(0)\tilde{N}^{(\lambda)}(k) \tag{3.31}$$

[vgl. Greiner u. Reinhardt, 1993, S. 231]. Diese und weitere Größen sowie ihre Erhaltung lassen sich im Lagrange-Formalismus mit Hilfe des Noether-Theorems herleiten, denn diesem zufolge impliziert jede Invarianz der Lagrange-Dichte (beziehungsweise der Wirkung [vgl. Starkl, 1998, S. 141]) unter einer kontinuierlichen Symmetrietransformation eine Erhaltungsgröße [vgl. Mandl u. Shaw, 2010, S. 32].[19]

---

[18] Der Rechenweg findet sich im Anhang auf Seite 147.

[19] An dieser Stelle wird auf die allgemeine und umfassende Diskussion der Symmetrien und Erhaltungsgrößen verzichtet und stattdessen auf Bjorken u. Drell [1967, Kap. 11.4], Mandl u. Shaw [2010, Kap. 2.4] und Hill [1951] verwiesen. Das Theorem, welches Noether [1918] publizierte, ist in seiner Originalfassung sehr mathematisch-allgemein formuliert, weshalb die tiefgreifende physikalische Bedeutung leichter aus den übrigen Literaturhinweisen ersichtlich ist.

4 Feldquantisierung des Dirac-Feldes

Das folgende Kapitel spiegelt für die Ontologie der Quantentheorie einen tiefgreifenden Paradigmenwechsel wider. Zunächst lassen sich die theoretischen Ansätze und Sichtweisen in der Geschichte der Teilchenphysik grob in zwei Denkschulen einteilen. Die eine sieht, so wie es im Fall des massiven Elektrons auch intuitiv einsichtiger erscheint, die elementaren Bausteine der Welt vor allem als Teilchen. Als zentraler Denker dieser Richtung ist Dirac zu nennen.

Die zweite Denkrichtung, die in der Tradition von de Broglie steht und hiernach vor allem von Schrödinger, Jordan, Pauli und Heisenberg vertreten wurde, betrachtet Felder als tatsächliche Grundlage und Teilchen lediglich als Resultat der Quantisierung dieser Felder [vgl. Schweber, 1994, S. xxii]. Zu verschiedenen Zeiten wurde entweder die eine oder die andere Denkrichtung hervorgehoben und favorisiert, je nachdem welche bei den damals aktuell zu bewältigenden Problemen die fruchtbareren Ansätze lieferte [vgl. Schweber, 1994, S. 1]. Einen markanten Wendepunkt bildet dabei die Einsicht, dass Diracs Löchertheorie, die als „Quasi-Quantenfeldtheorie" [vgl. Schweber, 1994, S. xxiv] bezeichnet werden kann, an ihre Grenzen stößt, weil sie das Problem der negativen Energien nicht befriedigend lösen kann. Erst eine genuin quantenfeldtheoretische Behandlung der Elektronen, um die es in diesem Kapitel gehen soll, löst die Schwierigkeiten der negativen Energien befriedigend: Bei ihr wird die Dirac-Gleichung als *Feldgleichung* betrachtet und Elektronen sind, ähnlich wie Photonen, keine A-priori-Teilchen mehr, sondern durch Quantisierung aus einem Feld hervorgegangene Feldquanten, wobei dieses Dirac-Feld im Gegensatz zum Maxwell-Feld der Photonen jedoch keinen klassischen Grenzfall besitzt [vgl. Ryder, 2005, S.

137].[1] Historisch wird bei diesem Übergang von der Quantenmechanik
zur Quantenfeldtheorie oft von einer sogenannten „zweiten Quantisierung" gesprochen. Tatsächlich ist diese Bezeichnung jedoch irreführend,
denn ein und dieselben Quantisierungsregeln werden auf zwei verschiedene Objekte angewandt: Im Fall der Quantenmechanik auf Teilchen und
in der Quantenfeldtheorie auf Felder [vgl. Umezawa, 1993, S. 8].[2]

4.1 Spin, Statistik und Teilcheninterpretation bei Fermionen

An mehreren Stellen in dieser Arbeit wurden bereits die Begriffe Boson
und Fermion benutzt und mit dem Teilchenspin in Verbindung gebracht,
ohne dass dies in ausreichendem Maße motiviert oder begründet worden
wäre. Zunächst einmal bezeichnet man solche Teilchen als Bosonen, welche die Bose-Einstein-Statistik erfüllen, während Fermionen nach ihrem
Verhalten gemäß der Fermi-Dirac-Statistik benannt sind. Konkret lässt
sich der Unterschied folgendermaßen beschreiben:

Man betrachte ein System aus N identischen Teilchen, welches durch
die Wellenfunktion $\Psi(\xi_1, ..., \xi_N)$ beschrieben wird. Dabei soll in den ξ_j
sowohl der Orts- als auch der mögliche Spinfreiheitsgrad enthalten sein.
Sind die Teilchen ununterscheidbar, so kann sich der physikalische Zustand durch eine Vertauschung der Teilchen nicht ändern, die Wellenfunktion kann also höchstens ihre Phase ändern. Da ein Hin- und Rück-
tausch wieder zum ursprünglichen Ψ führen muss, gilt also

$$\Psi(..., \xi_j, ..., \xi_k, ...) = \pm\Psi(..., \xi_k, ..., \xi_j, ...).$$

---

[1] Der fehlende klassische Grenzfall war ein Grund für Dirac, das Konzept der Fer-
mionquantisierung von Jordan u. Wigner [1928] abzulehnen. Außerdem erschien
ihm die Art und Weise, wie Jordan und Wigner die Fermi-Dirac-Statistik in ihre
Theorie einbetten als willkürlich, während diese sich in einer korrekten Theorie doch vielmehr natürlich aus tiefer liegenden Prinzipien ergeben müsste [vgl.
Schweber, 1994, S. 38].

[2] Eine interessante Argumentation aus der Sicht eines Dekohärenztheoretikers gegen
die Bezeichnungen der „ersten" und „zweiten Quantisierung", aber auch gegen
die Teilchenvorstellung von Quantenobjekten generell, findet sich bei Zeh [2003].
Dabei können die Ausführungen auch unabhängig von der konkreten Einstellung
des Lesers zur Dekohärenztheorie eine Bereicherung darstellen, da sie zur Refle-
xion der eigenen physikalischen Modellvorstellungen anregen.

Bosonen zeichnen sich durch die Symmetrie ($,+$') ihrer Wellenfunktion unter Vertauschung zweier Teilchen aus, Fermionen dagegen durch ihre Antisymmetrie ($,-$').

Für Bosonen ist insbesondere $\xi_j = \xi_k$ möglich, das heißt, dass sich zwei oder mehr ununterscheidbare Teilchen im selben Quantenzustand befinden, während dies bei Fermionen unmöglich ist.[3] Eben diese Regel, die besagt, dass die Anzahl von Fermionen in einem quantenmechanischen Zustand nur 0 oder 1 sein kann, ist auch als Pauli-Prinzip[4] bekannt [vgl. Schwabl, 2007, S. 229f.]. Pauli [vgl. 1940, S. 722] und Fierz [vgl. 1939, S. 26] zeigten, dass Teilchen mit halbzahligem Spin stets Fermionen sind, die mit den von Jordan u. Wigner [vgl. 1928, S. 639] vorgeschlagenen Antivertauschungsrelationen quantisiert werden müssen, während Teilchen mit ganzzahligem Spin Bosonen sind, die man mit gewöhnlichen Vertauschungsrelationen quantisieren muss. Dies wurde im Fall der Photonen bereits in Kapitel 3 umgesetzt.

Im Folgenden wird die Feldquantisierung für Fermionen auf das Dirac-Feld angewendet. Dazu betrachtet man zunächst die allgemeine Lösung der freien Dirac-Gleichung

$$\Psi(x) = \int \frac{d^3p}{(2\pi\hbar)^3} \frac{mc^2}{E_p} \sum_{\lambda=\pm 1} \left(b^{(\lambda)}(p)\Psi_{p,\lambda}^{(+)}(x) + d^{(\lambda)*}(p)\Psi_{p,\lambda}^{(-)}(x) \right)$$

$$(2.59)$$

und behandelt die Koeffizienten nun als Operatoren. Sie werden in Analogie zur Quantisierung des freien Maxwell-Feldes wieder die Rolle von Erzeugungs- und Vernichtungsoperatoren haben. Dabei bedürfen die Operatoren zu den negativ-energetischen Anteilen einer gewissen Erklärung:

$d^{(\lambda)}(p)$ erzeugt ein Elektron mit negativer Energie, Impuls $-\vec{p}$ und Helizität $-\lambda$, was nach der Diskussion in Kapitel 2.5.2 der Vernichtung eines Positrons mit positiver Energie, Impuls $\vec{p}$ und Helizität $-\lambda$ ent-

---

[3] $\Psi(...,\xi_j,...,\xi_j,...) = -\Psi(...,\xi_j,...,\xi_j,...)$ ist für nicht-verschwindende Wellenfunktionen ein Widerspruch!

[4] Pauli [vgl. 1925, S. 776] leistete mit dem nach ihm benannten Prinzip einen wertvollen Beitrag für das Verständnis des Aufbaus von Atomen. Zudem lieferte er ein bedeutendes Bauteil für das Konzept des Spins, wie es anschließend von Uhlenbeck u. Goudschmidt [1926] etabliert wurde.

spricht. Analog erzeugt $d^{(\lambda)\dagger}(p)$ ein Positron mit Impuls $\vec{p}$ und Helizität $-\lambda$. Damit lassen sich in Analogie zu (3.26) und (3.28) über

$$(2\pi\hbar)^3 \frac{E_p}{mc^2} \delta^3(0) \tilde{N}^{(+)}_{(\lambda)}(p) = b^{(\lambda)\dagger}(p) b^{(\lambda)}(p) \quad \text{5)} \tag{4.1a}$$

und

$$(2\pi\hbar)^3 \frac{E_p}{mc^2} \delta^3(0) \tilde{N}^{(-)}_{(\lambda)}(p) = d^{(\lambda)\dagger}(p) d^{(\lambda)}(p) \tag{4.1b}$$

die Teilchenzahloperatoren

$$N^{(+)}_{(\lambda)} = \int d^3p\, \delta^3(0) \tilde{N}^{(+)}_{(\lambda)}(p) = \int d^3p\, \frac{b^{(\lambda)\dagger}(p) b^{(\lambda)}(p)}{(2\pi\hbar)^3 \frac{E_p}{mc^2}} \tag{4.2a}$$

und

$$N^{(-)}_{(\lambda)} = \int d^3p\, \delta^3(0) \tilde{N}^{(-)}_{(\lambda)}(p) = \int d^3p\, \frac{d^{(\lambda)\dagger}(p) d^{(\lambda)}(p)}{(2\pi\hbar)^3 \frac{E_p}{mc^2}} \tag{4.2b}$$

für Elektronen mit Helizität λ, beziehungsweise Positronen mit Helizität $-\lambda$ definieren [vgl. Bjorken u. Drell, 1967, S. 69]. Dies wird zu einem späteren Zeitpunkt anhand der Operatoren für die Gesamtenergie, den Gesamtimpuls und die Gesamtladung erneut begründet werden, doch zunächst wird der Zusammenhang zwischen Quantisierungsvorschrift und Pauli-Prinzip näher beleuchtet: Von den Operatoren $b, b^\dagger, d, d^\dagger$ werden die oben erwähnten Antivertauschungsrelationen nach Jordan und Wigner gefordert. Diese lauten

$$\left\{ b^{(\lambda)}(p), b^{(\lambda')\dagger}(p') \right\} = \left\{ d^{(\lambda)}(p), d^{(\lambda')\dagger}(p') \right\}$$

$$= (2\pi\hbar)^3 \frac{E_p}{mc^2} \delta^3(\vec{p} - \vec{p}')\delta_{\lambda\lambda'}, \tag{4.3a}$$

$$\left\{ b^{(\lambda)}(p), b^{(\lambda')}(p') \right\} = \left\{ b^{(\lambda)\dagger}(p), b^{(\lambda')\dagger}(p') \right\} = 0, \tag{4.3b}$$

---

5) Der Leser wird sich in Abschnitt 4.3.1 davon überzeugen können, dass die hier gewählten Normierungen mit jenen kompatibel sind, welche in dieser Arbeit bei Integralen verwendet werden.

$$\left\{ d^{(\lambda)}(p), d^{(\lambda')}(p') \right\} = \left\{ d^{(\lambda)\dagger}(p), d^{(\lambda')\dagger}(p') \right\} = 0, \qquad (4.3c)$$

$$\left\{ b^{(\lambda)}(p), d^{(\lambda')}(p') \right\} = \left\{ b^{(\lambda)\dagger}(p), d^{(\lambda')\dagger}(p') \right\} = 0, \qquad (4.3d)$$

$$\left\{ b^{(\lambda)}(p), d^{(\lambda')\dagger}(p') \right\} = \left\{ d^{(\lambda)}(p), b^{(\lambda')\dagger}(p') \right\} = 0 \qquad (4.3e)$$

[vgl. Ryder, 2005, S. 139 und Greiner u. Reinhardt, 1993, S. 148]. Mit der Definition eines Teilchenzustandes analog zu der in Kapitel 3.2.4, erhält man dann allerdings, wenn man einen Erzeugungsoperator $b^{(\lambda)\dagger}(p)$ auf denjenigen Zustand anwendet, der mit einem Elektron desselben Viererimpulses p und derselben Helizität λ bereits besetzt ist,

$$b^{(\lambda)\dagger}(p) \left| 1^{(\lambda)}(p) \right\rangle = b^{(\lambda)\dagger}(p) b^{(\lambda)\dagger}(p) \left| 0 \right\rangle = \frac{1}{2} \left\{ b^{(\lambda)\dagger}(p), b^{(\lambda)\dagger}(p) \right\}$$

$$\overset{(4.3b)}{=} 0 \left| 0 \right\rangle .$$

Außerdem gilt für den Operator $\tilde{N}_{(\lambda)}^{(+)}(p)$, dessen Eigenwert die Anzahl der Elektronen im Zustand mit Viererimpuls p und Helizität λ ist, dass

$$\left(\delta^3(0) \tilde{N}_{(\lambda)}^{(+)}(p) \right)^2$$

$$= \frac{b^{(\lambda)\dagger}(p) b^{(\lambda)}(p) b^{(\lambda)\dagger}(p) b^{(\lambda)}(p)}{(2\pi\hbar)^6 \frac{E_p^2}{m^2 c^4}}$$

$$\overset{(4.3a)}{=} \frac{b^{(\lambda)\dagger}(p) \left((2\pi\hbar)^3 \frac{E_p}{mc^2} \delta^3(0) - b^{(\lambda)\dagger}(p) b^{(\lambda)}(p) \right) b^{(\lambda)}(p)}{(2\pi\hbar)^6 \frac{E_p^2}{m^2 c^4}}$$

$$= \frac{b^{(\lambda)\dagger}(p) \delta^3(0) b^{(\lambda)}(p)}{(2\pi\hbar)^3 \frac{E_p}{mc^2}} - \frac{\left\{ b^{(\lambda)\dagger}(p), b^{(\lambda)\dagger}(p) \right\} b^{(\lambda)}(p) \, b^{(\lambda)}(p)}{2(2\pi\hbar)^6 \frac{E_p^2}{m^2 c^4}}$$

$$\overset{(4.3b)}{=} \left(\delta^3(0) \right)^2 \tilde{N}_{(\lambda)}^{(+)}(p)$$

$$\Rightarrow \tilde{N}_{(\lambda)}^{(+)}(p) \left(\tilde{N}_{(\lambda)}^{(+)}(p) - 1 \right) = 0.$$

Der Eigenwert ist also entweder 0 oder 1. Diese beiden Resultate spiegeln das Pauli-Prinzip wider, welches man folglich allein durch die Quantisierung mit Antivertauschungsrelationen statt Vertauschungsrelationen erhalten hat [vgl. Sakurai, 1996, S. 28].

4.2 Lagrange-Dichte und kanonisch konjugierte Impulse des freien Dirac-Feldes

Zunächst wird eine Lagrange-Dichte $\mathscr{L}$ gesucht, deren Euler-Lagrange-Gleichung

$$\frac{\partial \mathscr{L}}{\partial \overline{\Psi}} - \partial_\mu \left(\frac{\partial \mathscr{L}}{\partial (\partial_\mu \overline{\Psi})} \right) = 0$$

auf die freie Dirac-Gleichung führt [vgl. Ryder, 2005, S. 137]. Sie muss dafür folgende Eigenschaften erfüllen [vgl. Greiner u. Reinhardt, 1993, S. 134]:

- Sie hängt bilinear von Ψ, $\Psi^\dagger$, $\partial_\mu \Psi$ und $\partial_\mu \Psi^\dagger$ ab.

- Sie muss sich wie ein Lorentz-Skalar transformieren.

- Sie darf nur erste Ableitungen von Ψ oder $\Psi^\dagger$ enthalten.

Eine einfache Lösung hierfür ist

$$\mathscr{L} = \overline{\Psi} \left(i\hbar c \gamma^\mu \partial_\mu - mc^2 \right) \Psi \tag{4.4}$$

[vgl. Greiner u. Reinhardt, 1993, S. 134]. Dabei wurde in die kovariante Dirac-Gleichung zwischen den Spinoren ein zusätzlicher Faktor c eingefügt, damit die Lagrange-Dichte die Dimension einer Energiedichte erhält [vgl. Rebhan, 2010, S. 172]. $\mathscr{L}$ besitzt jedoch den „Schönheitsfehler", nicht reell zu sein.[6] Das liegt daran, dass $\mathscr{L}$ nicht symmetrisch bezüglich Ψ und $\overline{\Psi}$ ist. Um diesen Makel zu beheben, müsste ∂_μ durch $\overleftrightarrow{\partial_\mu}$ ersetzt werden. Bei der Berechnung der Euler-Lagrange-Gleichung taucht nun allerdings ein zusätzlicher Faktor 2 auf, weshalb man schlussendlich ∂_μ in (4.4) durch $\frac{1}{2} \overleftrightarrow{\partial_\mu}$ ersetzt.

---

[6] $\mathscr{L}$ erfüllt als Lagrange-Dichte dennoch ihren Zweck: Sie führt zu den korrekten Bewegungsgleichungen und Erhaltungsgrößen [vgl. Greiner u. Reinhardt, 1993, S. 138].

Damit lautet die symmetrisierte Lagrange-Dichte der freien Dirac-Gleichung

$$\mathscr{L}' = \overline{\Psi} \left(\frac{i\hbar c}{2} \gamma^\mu \overleftrightarrow{\partial_\mu} - mc^2 \right) \Psi \tag{4.5}$$

$$= \frac{i\hbar c}{2} \left(\frac{1}{c} \left(\Psi^\dagger \dot{\Psi} - \dot{\Psi}^\dagger \Psi \right) + \Psi^\dagger \alpha_k \overleftarrow{\partial_k} \Psi - \Psi^\dagger \alpha_k \partial_k \Psi \right) - \Psi^\dagger mc^2 \beta \Psi$$

[vgl. Greiner u. Reinhardt, 1993, S. 138]. Die Differenz der beiden Lagrange-Dichten $\mathscr{L}$ und $\mathscr{L}'$ beträgt

$$\mathscr{L} - \mathscr{L}' = \overline{\Psi} \left(i\hbar c \gamma^\mu \partial_\mu - mc^2 \right) \Psi - \overline{\Psi} \left(\frac{i\hbar c}{2} \gamma^\mu \overleftrightarrow{\partial_\mu} - mc^2 \right) \Psi$$

$$= \frac{i\hbar c}{2} \overline{\Psi} \left(\gamma^\mu \partial_\mu + \gamma^\mu \overleftarrow{\partial_\mu} \right) \Psi$$

$$= \partial_\mu \left(\frac{i\hbar c}{2} \overline{\Psi} \gamma^\mu \Psi \right)$$

und ist damit eine totale Ableitung.[7] Als solche hat sie wiederum keinen Einfluss auf das Wirkungsintegral und ist daher für die Dynamik des Systems unbedeutend [vgl. Ryder, 2005, S. 137f.]. Der angesprochene „Schönheitsfehler" von $\mathscr{L}$ hat also keinen Einfluss auf ihre Funktionalität als Lagrange-Dichte. Zudem wird er durch die deutlich einfacheren Rechnungen mehr als nur wettgemacht. Aus diesem Grund wird im Folgenden mit $\mathscr{L}$ weitergerechnet.

Ψ und $\overline{\Psi}$ werden nun als dynamisch unabhängige Felder behandelt. Die kanonisch konjugierten Impulse lauten analog zu (3.10)

$$\pi_\Psi = \frac{\partial \mathscr{L}}{\partial \left(\dot{\Psi} \right)} = i\hbar \Psi^\dagger =: \pi, \tag{4.6a}$$

$$\pi_{\Psi^\dagger} = \frac{\partial \mathscr{L}}{\partial \left(\dot{\Psi}^\dagger \right)} = 0 \neq \pi^\dagger \tag{4.6b}$$

[vgl. Greiner u. Reinhardt, 1993, S. 136].

---

[7] Die Lagrange-Dichte $\mathscr{L}$ ist also bis auf die Viererdivergenz einer Funktion der Felder Ψ und $\Psi^\dagger$ reell.

4.3 Erhaltungsgrößen des freien Dirac-Feldes

4.3.1 Hamilton- und Impulsoperator

Im Folgenden wird der Begriff des Hamiltonoperators als Ausdruck für denjenigen *feldtheoretischen* Operator benutzt, der die Gesamtenergie des Dirac-*Feldes* als Eigenwert besitzt. Er darf deswegen nicht mit dem Hamiltonoperator der *Einteilchentheorie* aus Kapitel 2 verwechselt werden [vgl. Fierz, 1939, S. 4].

Mit der Lagrange-Dichte (4.4) und den kanonisch konjugierten Impulsen erhält man, völlig analog zu (3.25), die (noch nicht normalgeordnete) Hamilton-Dichte des freien Dirac-Feldes durch

$$
\begin{aligned}
\mathscr{H} &= \pi\dot{\Psi} + \pi_{\Psi^\dagger}\dot{\Psi}^\dagger - \mathscr{L} \\
&= i\hbar c\overline{\Psi}\gamma^0\partial_0\Psi - \overline{\Psi}\left(i\hbar c\gamma^\mu\partial_\mu - mc^2\right)\Psi \\
&= \overline{\Psi}\underbrace{\left(-i\hbar c\gamma^k\partial_k + mc^2\right)}_{\overset{(2.12)}{=}\,i\hbar c\gamma^0\partial_0}\Psi = i\hbar\Psi^\dagger\dot{\Psi},
\end{aligned}
\tag{4.7}
$$

wobei benutzt wurde, dass Ψ eine Lösung der Dirac-Gleichung ist [vgl. Greiner u. Reinhardt, 1993, S. 136]. Damit lautet der (noch nicht normalgeordnete) Hamiltonoperator

$$
\begin{aligned}
\tilde{H} &= \int d^3x\,\mathscr{H} = \int d^3x\; i\hbar c\Psi^\dagger\partial_0\Psi \\
&= \int \frac{d^3p}{(2\pi\hbar)^3}mc^2 \sum_{\lambda=\pm 1}\left(b^{(\lambda)\dagger}(p)b^{(\lambda)}(p) - d^{(\lambda)}(p)d^{(\lambda)\dagger}(p)\right)
\end{aligned}
\tag{4.8}
$$

[vgl. Ryder, 2005, S. 138f.].[8] Bis zu diesem Zeitpunkt wurden noch keine Vertauschungs- oder Antivertauschungsrelationen verwendet, sodass man für ein bosonisches Feld ebenso vorgegangen wäre. Um aus (4.8) nun den normalgeordneten Hamiltonoperator zu erhalten, würde man, wenn es sich um ein Bose-Feld handelte, lediglich die Operatoren $d^{(\lambda)}(p)$ und $d^{(\lambda)\dagger}(p)$ vertauschen. Der resultierende Ausdruck besäße wegen des negativen Vorzeichens von $d^{(\lambda)\dagger}(p)d^{(\lambda)}(p)$ allerdings keine untere Schranke.

---

[8] Die einzelnen Rechenschritte können im Anhang auf Seite 151 nachvollzogen werden.

Das heißt, dass man für das Dirac-Feld nur dann einen Zustand niedrigster Energie als stabilen Grundzustand erlangt, wenn man es statt der Bose-Quantisierung einer Fermi-Quantisierung unterzieht [vgl. Mandl u. Shaw, 2010, S. 65].[9] Bei dieser erreichen wir die erwünschte positiv-definite Energie durch die neue Regel, dass im Falle von Fermi-Feldern bei jedem Tausch von zwei Erzeugungs- und Vernichtungsoperatoren das Vorzeichen des jeweiligen Terms geändert werden muss. Dadurch erhält man als normalgeordneten Hamiltonoperator des freien Dirac-Feldes

$$H := \; : \tilde{H} : \; = \int \frac{d^3 p}{(2\pi\hbar)^3} mc^2 \sum_{\lambda = \pm 1} \left(b^{(\lambda)\dagger}(p) b^{(\lambda)}(p) + d^{(\lambda)\dagger}(p) d^{(\lambda)}(p) \right)$$

(4.9)

[vgl. Ryder, 2005, S. 139]. Die Definition (4.1) führt nun auf

$$H = \int d^3 p E_p \sum_{\lambda = \pm 1} \left(\delta^3(0) \tilde{N}^{(+)}_{(\lambda)}(p) + \delta^3(0) \tilde{N}^{(-)}_{(\lambda)}(p) \right), \quad (4.10)$$

was die Teilcheninterpretation am Anfang von Abschnitt 4.1, die Definitionen der Teilchenanzahloperatoren (4.2) und die dort prophezeiten Normierungen nachträglich rechtfertigt.

Hätte man anstelle von $\mathscr{L}$ die symmetrisierte Lagrange-Dichte $\mathscr{L}'$ verwendet, so wäre man auf die kanonisch konjugierten Impulse

$$\pi'_{\Psi} = \frac{\partial \mathscr{L}'}{\partial \left(\dot{\Psi} \right)} = \frac{i\hbar}{2} \Psi^{\dagger} =: \pi' \quad (4.11a)$$

und

$$\pi'_{\Psi^{\dagger}} = \frac{\partial \mathscr{L}'}{\partial \left(\dot{\Psi}^{\dagger} \right)} = -\frac{i\hbar}{2} \Psi = \pi'^{\dagger} \quad (4.11b)$$

---

[9] Eine fälschliche Quantisierung von Bosonen mit Antivertauschungsrelationen würde dem Prinzip der Mikrokausalität widersprechen, dass zwei Observablen für raumartige Abstände stets kommutieren, das heißt gemeinsam scharf messbar sind [vgl. Mandl u. Shaw, 2010, S. 65f.].

gestoßen, die wiederum weiter auf die Hamilton-Dichte

$$\mathscr{H}' = \frac{i\hbar c}{2} \Psi^\dagger \gamma^0 \overleftrightarrow{\partial_0} \Psi \tag{4.12}$$

führen [vgl. Greiner u. Reinhardt, 1993, S. 139]. Wie oben bereits begründet, führt auch $\mathscr{L}'$ auf den Hamiltonoperator (4.10).[10]

In Analogie zum Maxwell-Feld im ladungsfreien Raum lassen sich auch hier aus dem Noether-Theorem verschiedene Erhaltungsgrößen herleiten, die beispielsweise bei Greiner u. Reinhardt [vgl. 1993, S. 136] zu finden sind. Besondere Aufmerksamkeit wird wieder dem Viererimpuls [vgl. (3.30)]

$$cP^\mu = \int d^3x \left(\overline{\Psi} i\hbar c \gamma^0 \partial^\mu \Psi - g^{0\mu} \overline{\Psi} \left(i\hbar c \gamma^\nu \partial_\nu - mc^2 \right) \Psi \right) \tag{4.13}$$

zuteil, dessen 0-Komponente mit dem Hamiltonoperator übereinstimmt. Als Impulsoperator erhält man damit[11]

$$P^j = \int d^3x \, i\hbar : \Psi^\dagger \partial^j \Psi :$$

$$= \int d^3p \sum_{\lambda=\pm 1} p^j \left(\delta^3(0) \tilde{N}^{(+)}_{(\lambda)}(p) + \delta^3(0) \tilde{N}^{(-)}_{(\lambda)}(p) \right). \tag{4.14}$$

4.3.2 Gesamtladungsoperator des Dirac-Feldes

Die Erhaltungsgrößen Energie und Impuls beziehen sich auf die Invarianz der Lagrange-Dichte unter Koordinatentransformationen, genauer gesagt Translationen in Zeit und Raum. Ein weiteres solches Beispiel ist der Gesamtdrehimpulsoperator, der aus dem räumlichen Bahndrehim-

---

[10] Alternativ zu der hier geführten Diskussion könnte man die Gleichheit der resultierenden Hamiltonoperatoren auch durch eine explizite Berechnung zeigen, die von ihrer Struktur her analog zu jener auf Seite 153 verliefe, aber ungleich länger und dadurch unübersichtlicher wäre, ohne einen entsprechenden Mehrwert zu bieten.

[11] Die Rechnung verläuft vollkommen analog zu der des Hamiltonoperators auf Seite 151 mit dem einzigen Unterschied, dass der Faktor $\hbar k'_0$ durch $\hbar k'^j = p^j$ zu ersetzen ist.

puls- und dem Spinoperator zusammengesetzt ist. Er folgt aus Rotationssymmetrien [vgl. Greiner u. Reinhardt, 1993, S. 52f.].

Darüber hinaus existieren jedoch unter Umständen noch weitere Symmetrietransformationen, die nichts mit der Raumzeit zu tun haben und daher auch als „innere Symmetrietransformationen" bezeichnet werden. Sie führen auf Ladungen in dem Sinne, wie der Begriff bereits auf Seite 12 im Zusammenhang mit der Klein-Gordon-Gleichung zu verstehen war. Eine Voraussetzung für solche Ladungen ist eine „innere Struktur" des betrachteten Feldes in Form von mehreren Komponenten [vgl. Greiner u. Reinhardt, 1993, S. 54].

Im speziellen Falle des Dirac-Feldes handelt es sich um die „globale Phasentransformation"[12)]

$$\Psi \to e^{-i\frac{q}{\hbar c}\alpha}\Psi, \qquad \Psi^\dagger \to \Psi^\dagger e^{+i\frac{q}{\hbar c}\alpha}, \qquad (4.15)$$

die keinen Einfluss auf die Lagrange-Dichte oder die bilinearen Observablen hat, wie in Fußnote 70) auf Seite 66 bereits diskutiert. Sie führt mit Hilfe des Noether-Theorems auf einen erhaltenen Vierervektor, der proportional zur Ladungsstromdichte ist:[13)]

$$-\frac{iq}{\hbar c}\left(\frac{\partial \mathscr{L}}{\partial(\partial^\mu\Psi)}\Psi - \Psi^\dagger\frac{\partial \mathscr{L}}{\partial(\partial^\mu\Psi^\dagger)}\right) = q\overline{\Psi}\gamma^\mu\Psi \sim qc\overline{\Psi}\gamma^\mu\Psi = qj^\mu =: J^\mu_{\text{e.m.}}.$$

$$(4.16)$$

Dabei handelt es sich im Falle von Elektronen tatsächlich um die elektrische Viererladungsstromdichte $J^\mu_{\text{e.m.}} = qj^\mu$, bei der $q = -e$ das Negative der Elementarladung ($e > 0$) bezeichnet und j^μ der bereits aus Gleichung (2.30) bekannte, dort aber anders hergeleitete Viererstromdichtevektor ist, der die Kontinuitätsgleichung

$$\partial_\mu j^\mu = 0$$

[12)] Sie wird häufig auch als Eichtransformation erster Art bezeichnet.
   Komplexe Zahlen mit Betrag 1 bilden die Abel'sche Gruppe $U(1)$, weshalb die Invarianz unter dieser Transformation auch als $U(1)$-Invarianz bezeichnet wird.
[13)] Für eine Herleitung aus dem Noether-Theorem siehe beispielsweise Schwabl [vgl. 2005, S. 277] oder Quigg [vgl. 2013, S. 47].

erfüllt [vgl. Greiner u. Reinhardt, 1993, S. 138]. Daraus folgt die erhaltene Gesamtladung

$$Q = q \int d^3x \; : \frac{j^0}{c} : = q \int d^3x \; : \Psi^\dagger \Psi :$$

$$= {}^{14)}q \int \frac{d^3p}{(2\pi\hbar)^3 \frac{E_p}{mc^2}} \sum_{\lambda = \pm 1} \left(b^{(\lambda)\dagger}(p) b^{(\lambda)}(p) - d^{(\lambda)\dagger}(p) d^{(\lambda)}(p) \right) \quad (4.17)$$

$$= q \int d^3p \sum_{\lambda = \pm 1} \left(\delta^3(0) \tilde{N}^{(+)}_{(\lambda)}(p) - \delta^3(0) \tilde{N}^{(-)}_{(\lambda)}(p) \right) \quad (4.18)$$

[vgl. Rebhan, 2010, S. 184f. und Greiner u. Reinhardt, 1993, S. 150].

Die hier gefundenen Operatoren für den Viererimpuls und die Gesamtladung des Feldes unterstreichen erneut die Teilcheninterpretation durch die Erzeugungsoperatoren $b^\dagger$ und $d^\dagger$ für Teilchen und Antiteilchen sowie ihre korrespondierenden Vernichtungsoperatoren b und d: Aus den Rechnungen (A.18) bis (A.20) auf Seite 156 ist leicht ersichtlich, dass $b^{(\lambda)\dagger}(p)$ ein Teilchen mit Viererimpuls p und Ladung q und $d^{(\lambda)\dagger}(p)$ das entsprechende Antiteilchen mit Viererimpuls p und Ladung $-q$ erzeugt, während $b^{(\lambda)}(p)$ und $d^{(\lambda)}(p)$ die jeweiligen Quanten vernichten.

4.4 Gleichzeitige Antivertauschungsrelationen im Ortsraum und Kovarianz

Anders als in Kapitel 3, wo von den gleichzeitigen Vertauschungsrelationen der Felder mit ihren kanonisch konjugierten Impulsen ausgegangen wurde, markieren in diesem Kapitel die Antivertauschungsrelationen im Impulsraum den Startpunkt. Es wäre natürlich wieder ebenso möglich gewesen im Ortsraum bei den Feldern und konjugierten Impulsen zu starten und die Antivertauschungsrelationen der Erzeugungs- und Vernichtungsoperatoren über die Fouriertransformierte der Entwicklung der allgemeinen Lösung herzuleiten. Dieses Vorgehen findet sich auch in den meisten Lehrbüchern, doch auf dem gewählten Wege konnte die Verwendung von Antikommutatoren statt Kommutatoren durch den Zusammenhang von Spin und Statistik motiviert werden. Nun ist es an der

---

[14] Die letzten Rechenschritte finden sich im Anhang auf Seite 154.

Zeit, die gleichzeitigen Antivertauschungsrelationen im Ortsraum nachzuliefern. Mit Hilfe der Vollständigkeitsrelation (2.58) lässt sich zeigen, dass[15]

$$\{\pi_\mu(ct, \vec{x}), \Psi_\nu(ct, \vec{x}')\}$$
$$= i\hbar \{\Psi_\mu^\dagger(ct, \vec{x}), \Psi_\nu(ct, \vec{x}')\} = i\hbar \delta_{\mu\nu} \delta^3(\vec{x} - \vec{x}'), \qquad (4.19a)$$
$$\{\Psi_\mu(ct, \vec{x}), \Psi_\nu(ct, \vec{x}')\}$$
$$= \{\Psi_\mu^\dagger(ct, \vec{x}), \Psi_\mu^\dagger(ct, \vec{x}')\} = \{\overline{\Psi}_\mu(ct, \vec{x}), \overline{\Psi}_\nu(ct, \vec{x}')\} = 0. \qquad (4.19b)$$

Allgemeiner lässt sich bemerken, dass alle Antikommutatoren für raumartige Abstände $(x - x')^2 = c^2 (t - t')^2 - (\vec{x} - \vec{x}')^2 \leq 0$ verschwinden [vgl. Sakurai, 1996, S. 154]. Dies bildet die Grundlage für die Mikrokausalität, denn die ‚Produktregel' für Kommutatoren kann wegen

$$[ab, cd] = \{ab, c\}d - c\{ab, d\}$$
$$= a\{b, c\}d - \{a, c\}bd + ca\{b, d\} - c\{a, d\}b$$

auch durch Antikommutatoren dargestellt werden. Nun hängen Observablen stets bilinear von $\Psi^\dagger$ beziehungsweise Ψ ab, sodass der Kommutator zweier Observablen in vier Antikommutatoren zerfällt, die einzeln für raumartige Abstände verschwinden [vgl. Bjorken u. Drell, 1967, S. 72]. Das wiederum entspricht der anschaulichen Forderung nach Mikrokausalität, dass nämlich zwei Observablen für raumartige Abstände gemeinsam scharf messbar sind.

Wie schon im vorangegangenen Kapitel hat sich auch in diesem das Vorgehen an der kanonischen Feldquantisierung orientiert. Diese folgt allerdings dem nicht-kovarianten Hamilton-Ansatz, sodass nicht a priori klar ist, dass die resultierende Theorie der speziellen Relativitätstheorie genügt [vgl. Dyson, 2014, S. 55]. Um das entsprechende Transformationsverhalten dennoch nachzuweisen, also zumindest die Invarianz unter Translationen und speziellen Lorentz-Transformationen, muss

---

[15] Die genauen Schritte zur Beispielrechnung des nicht-verschwindenden Antikommutators finden sich im Anhang auf Seite 157.

gezeigt werden, dass die gleichzeitigen Antivertauschungsrelationen im Ortsraum auf die Heisenberg-Gleichungen

$$\frac{i}{\hbar}[P^\mu, \Psi(x)] = \partial^\mu \Psi(x) \qquad (4.20a)$$

und

$$\frac{i}{\hbar}[M^{\mu\nu}, \Psi(x)] = \left(x^\mu \partial^\nu - x^\nu \partial^\mu + \frac{1}{4}[\gamma^\mu, \gamma^\nu] \right) \Psi(x) \qquad (4.20b)$$

führen, wobei $M^{\mu\nu}$ als Gesamtdrehimpulstensor bezeichnet werden kann [vgl. Bjorken u. Drell, 1967, S. 71].[16]

Alternativ hätte man dem Formalismus von Schwinger [1951] folgen können, der schon in seiner Konzeption explizit relativistisch ist [vgl. Dyson, 2014, S. 55]. Allerdings bleibt bei diesem mathematisch konsistenten und widerspruchsfreien Vorgehen im Fall antikommutierender Felder sowohl die verständliche Begründung dieses Prinzips als auch die Interpretation der Operatoren auf der Strecke [vgl. Dyson, 2014, S. 65].

---

[16] Der Beweis der beiden Gleichungen ist im Anhang auf Seite 159 nachzulesen. Dort wird auch $M^{\mu\nu}$ angegeben, wobei auf eine Herleitung verzichtet wird. Eine andere Reihenfolge findet sich bei Itzykson u. Zuber [vgl. 2005, Kap. 3.3.1], wo gezeigt wird, dass die Vertauschungsrelationen (4.3) auch explizit aus der Forderung nach relativistischer Kovarianz und Mikrokausalität hergeleitet werden können.

5 Quantenelektrodynamik

Bis zu diesem Kapitel wurde, vom nichtrelativistischen Grenzfall der Dirac-Gleichung in Abschnitt 2.4 einmal abgesehen, noch keine Wechselwirkung betrachtet. Aber wie sollten Teilchen überhaupt beobachtet werden, ohne dass diese in Wechselwirkung treten? Zur Beschreibung von Vorgängen und Phänomenen mit physikalischer Relevanz ist es also notwendig, die Wechselwirkung in die Theorie einzubinden. In der Quantenelektrodynamik geht es um solche Phänomene, bei denen die Wechselwirkung durch das Maxwell-Feld vermittelt wird. Die in Abschnitt 2.4 verwendete Vorschrift zur Ankopplung von geladenen Teilchen an das elektromagnetische Feld,

$$p^\mu \to p^\mu - \frac{q}{c} A^\mu, \tag{2.60}$$

auch „minimale Substitution" oder „minimale Kopplung" genannt, ist bereits in der klassischen Mechanik und Feldtheorie zu finden [vgl. Scheck, 2007b, S. 103 und Scheck, 2010, S. 167]. Ihr liegt mit der Eichinvarianz ein höheres Prinzip zu Grunde, welches im Folgenden den Übergang aus den wechselwirkungsfreien Quantenfeldtheorien in die Quantenelektrodynamik weisen wird.

5.1 Über die Eichinvarianz zur Lagrange-Dichte der Quantenelektrodynamik

In Abschnitt 4.3.2 wurde bereits die Invarianz unter sogenannten Eichtransformationen erster Art (4.15) diskutiert, das heißt die Invarianz unter globalen Phasentransformationen. Wenn es in der Natur darüber hinaus keine ‚stärkere' Symmetrie gäbe, müsste eine Phasenänderung in einem Raumzeitpunkt x_1 zu einer Phasenänderung *in allen Raumzeitpunkten* führen, selbst wenn dabei raumartige Abstände vorherrschen. Dies müsste insbesondere für solche Abstände gelten, bei denen keine kausale Verbindung bestehen kann. Das widerstrebt den Prinzipien der Relativitätstheorie und macht die Forderung nach einer *lokalen* Eichinvarianz (mindestens) plausibel [vgl. Ryder, 2005, S. 93 und Rebhan, 2010, S. 451].

Man betrachtet also statt der globalen Phasentransformation (4.15) die raum- und zeitabhängige Transformation

$$\Psi \to e^{-i\frac{q}{\hbar c}\alpha(x)}\Psi, \qquad\qquad \Psi^\dagger \to \Psi^\dagger e^{+i\frac{q}{\hbar c}\alpha(x)}, \qquad (5.1)$$

die auch als Eichtransformation zweiter Art bezeichnet wird.[1] $\alpha(x)$ sei dabei eine wenigstens zweimal stetig differenzierbare reellwertige Funktion. Offensichtlich bleiben sämtliche Ausdrücke, die ausschließlich von den Feldern Ψ und $\Psi^\dagger$ abhängen, unter (5.1) invariant. Sobald jedoch Ableitungen nach Raum oder Zeit involviert sind, wie dies beispielsweise bei der Lagrange-Dichte der Fall ist, erscheint durch die Kettenregel ein störender Zusatzterm:

$$\partial_\mu\Psi(x) \to e^{-i\frac{q}{\hbar c}\alpha(x)}\left(\partial_\mu - \frac{iq}{\hbar c}\partial_\mu\alpha(x)\right)\Psi(x) \qquad (5.2)$$

[vgl. Quigg, 2013, S. 48]. Dieser würde die lokale Eichinvarianz zerstören: Damit beispielsweise die gesamte Lagrange-Dichte invariant bleibt, müssen sich das Feld und dessen Ableitung gleich transformieren. Folglich sucht man eine „(eich-)kovariante Ableitung" D_μ als Ersatz für – beziehungsweise Erweiterung von – ∂_μ, sodass sich $\Psi(x)$ und $D_\mu\Psi(x)$ gleich transformieren. Man fordert also

$$(D_\mu\Psi)(x) \to e^{-i\frac{q}{\hbar c}\alpha(x)}(D_\mu\Psi)(x). \qquad (5.3)$$

Um dieses Transformationsverhalten zu erreichen, muss D_μ neben der partiellen Ableitung zusätzlich einen Ausdruck enthalten, der sich genau so transformiert, dass der zusätzliche Summand $-\frac{iq}{\hbar c}\partial_\mu\alpha(x)$ gerade ausgeglichen wird. Dieser Ausdruck wird, in suggestiver Vorahnung, mit

---

[1] Genau genommen gehört zur Definition einer Eichtransformation zweiter Art auch die Angabe des Transformationsverhaltens des zugehörigen Eichfeldes. Aus didaktischen Gründen folgt dieses erst in Gleichung (5.4).

A_μ notiert und als Eichfeld bezeichnet. Dieses soll also das Transformationsverhalten

$$A_\mu(x) \to A_\mu(x) + \partial_\mu \alpha(x) \tag{5.4}$$

aufweisen. Definiert man D_μ über

$$(D_\mu \Psi)(x) := \left(\left(\partial_\mu + \frac{iq}{\hbar c} A_\mu \right) \Psi \right)(x), \tag{5.5}$$

so erhält man das gewünschte Transformationsverhalten

$$
\begin{aligned}
D_\mu \Psi(x) &\to (D_\mu \Psi(x))' \\
&= e^{-i\frac{q}{\hbar c}\alpha(x)} \left(\partial_\mu - \frac{iq}{\hbar c}\partial_\mu \alpha(x) + \frac{iq}{\hbar c}\left(A_\mu + \partial_\mu \alpha(x) \right) \right) \Psi(x) \\
&= e^{-i\frac{q}{\hbar c}\alpha(x)} \left(\partial_\mu + \frac{iq}{\hbar c} A_\mu \right) \Psi(x) \\
&= e^{-i\frac{q}{\hbar c}\alpha(x)} D_\mu \Psi(x),
\end{aligned}
\tag{5.6}
$$

durch das Ausdrücke wie beispielsweise $\Psi^\dagger D_\mu \Psi$ invariant unter lokalen Eichtransformationen werden. Der geneigte Leser wird bemerkt haben, dass (5.4) gerade das vom elektromagnetischen Viererpotenzial erwartete Transformationsverhalten aus Anschnitt 2.4 ist und dass die Ersetzung

$$
\begin{aligned}
\partial^\mu &\to \partial^\mu + \frac{iq}{\hbar c} A^\mu \\
\Leftrightarrow i\hbar \partial^\mu &\to i\hbar \partial^\mu - \frac{q}{c} A^\mu
\end{aligned}
$$

nach dem Korrespondenzprinzip gerade der minimalen Substitution (2.60) entspricht [vgl. Quigg, 2013, S. 43f.].

Ersetzt man in der freien Lagrange-Dichte (4.4) die partielle durch eine kovariante Ableitung, so erhält man mit

$$\mathscr{L}_{\text{kov}} := \overline{\Psi} \left(i\hbar c \gamma^\mu \left(\partial_\mu + \frac{iq}{\hbar c} A_\mu \right) - mc^2 \right) \Psi$$
$$= \underbrace{\overline{\Psi} \left(i\hbar c \gamma^\mu \partial_\mu - mc^2 \right) \Psi}_{=:\mathscr{L}_{\text{Dirac}}} + \underbrace{\left(-q \overline{\Psi} \gamma^\mu A_\mu \Psi \right)}_{=-\frac{1}{c} J_{\text{e.m.}} A_\mu =: \mathscr{L}_{\text{int}}} \qquad (5.7)$$

eine Lagrange-Dichte, in der ein Summand zum freien Dirac-Feld gehört und der andere die Wechselwirkung zwischen Dirac- und Eichfeld beiträgt [vgl. Quigg, 2013, S. 48]. In diesem Kopplungsterm tritt die Ladung q nicht mehr nur als erhaltene Größe auf, sondern auch als Kopplungskonstante, welche die Stärke der Wechselwirkung des Dirac-Feldes an das Eichfeld misst [vgl. Ryder, 2005, S. 97].

Allerdings ist die Darstellung des Eichfeldes A^μ noch nicht physikalisch sinnvoll, denn es fehlt ein Term, der nicht an Ψ gekoppelt ist und freie Eichfeldquanten beschreibt. Dieser „Freifeld-Anteil" darf allerdings keinen Massenterm enthalten, weil ein solcher ähnlich wie bei der Dirac- oder Klein-Gordon-Gleichung quadratisch vom Feld abhinge. Damit wäre er aber nicht lokal eichinvariant:

$$A_\mu A^\mu \to A'_\mu A'^\mu = A_\mu A^\mu - 2\partial_\mu \alpha(x) A^\mu + (\partial_\mu \alpha(x))(\partial^\mu \alpha(x))$$
$$\neq A_\mu A^\mu. \qquad (5.8)$$

Man betrachte daher den Ausdruck

$$\mathscr{L}_{\text{Maxwell}} := -\frac{1}{4} F_{\mu\nu} F^{\mu\nu} = -\frac{1}{4} \left(\partial_\nu A_\mu - \partial_\mu A_\nu \right) \left(\partial^\nu A^\mu - \partial^\mu A^\nu \right) \qquad (5.9)$$

mit den folgenden Eigenschaften:

- Er ist lokal eichinvariant, denn $F^{\mu\nu}$ verhält sich unter einer lokalen Phasentransformation gemäß

$$F^{\mu\nu} \to F'^{\mu\nu} = \partial^\nu (A^\mu - \partial^\mu \alpha(x)) - \partial^\mu (A^\nu - \partial^\mu \alpha(x))$$
$$= \partial^\nu A^\mu - \partial^\mu A^\nu - \underbrace{(\partial^\nu \partial^\mu \alpha(x) - \partial^\mu \partial^\nu \alpha(x))}_{=0}$$
$$= F^{\mu\nu},$$

weil $\alpha(x)$ zweimal stetig differenzierbar ist.

- Er erfüllt außerdem die Anforderungen an eine freie Lagrange-Dichte, wie in Abschnitt 3.2.1 gezeigt wurde.

- Nach seiner Konstruktion in 3.2.1 führt $\mathscr{L}_{\text{Maxwell}}$ als Lagrange-Dichte für das Strahlungsfeld im ladungsfreien Raum auf die Maxwell-Gleichungen.

- Weil $\mathscr{L}_{\text{Maxwell}}$ nicht um einen Massenterm erweitert werden darf [vgl. (5.8)], ist das zugehörige Eichfeld masselos.[2]

Es spricht also einiges dafür, dass es sich bei dem Eichfeld um das Maxwell-Feld der elektromagnetischen Strahlung handelt. Dessen Existenz folgt notwendig aus der Forderung der lokalen Eichinvarianz des elektrisch geladenen Dirac-Quantenfeldes und aus der Annahme, dass es, ähnlich wie das Dirac-Feld, mit einem Freifeld-Anteil zur Lagrange-Dichte beiträgt. Zudem liefert obige Argumentation einen strukturellen Beleg für die Masselosigkeit der Eichbosonen der Quantenelektrodynamik: der Photonen [vgl. Rebhan, 2010, S. 453-455].

Die vollständige Larange-Dichte der Quantenelektrodynamik (QED) lautet damit:

$$\mathscr{L}_{\text{QED}} = \mathscr{L}_{\text{Dirac}} + \mathscr{L}_{\text{int}} + \mathscr{L}_{\text{Maxwell}}$$

$$= \overline{\Psi}\left(i\hbar c\gamma^{\mu}\partial_{\mu} - mc^2\right)\Psi - q\overline{\Psi}\gamma^{\mu}\Psi A_{\mu} - \frac{1}{4}F_{\mu\nu}F^{\mu\nu}. \quad (5.10)$$

Die QED wurde zudem als diejenige Eichtheorie identifiziert, die eine exakte Symmetrie bezüglich der Phasentransformationen aufweist, die wiederum die Abel'sche $U(1)$-Gruppe bilden [vgl. Quigg, 2013, S. 52].

Das Konzept der Eichtheorien, das in diesem Abschnitt nur in groben Zügen angeschnitten werden konnte, bildet eine Grundlage für das Standardmodell der Elementarteilchenphysik. Die exakten Symmetrien, welche die Quantenelektrodynamik – und noch mehr die Quantenchromodynamik der starken Wechselwirkung – auszeichnen und die Masselosigkeit der Photonen (beziehungsweise Gluonen) garantieren, sind jedoch nicht die Regel: Viele Invarianzen sind in der Natur verletzt.

---

[2] Der Spin 1 der Photonen folgt daraus, dass sie zudem durch relativistische Vierervektoren beschrieben werden [vgl. Rebhan, 2010, S. 455].

In manchen Fällen sind sogar die Lagrange-Dichten symmetrisch, doch
das physikalische Vakuum verursacht trotzdem eine Symmetriebrechung,
das heißt, es ist nicht invariant unter allen Symmetrietransformationen
der Lagrange-Dichte. In diesem Fall spricht man von einer Theorie mit
spontaner Symmetriebrechung. Falls es sich bei dieser spontan gebro-
chenen Symmetrie um eine lokale Eichsymmetrie handelt, treten durch
den Higgs-Mechanismus massive Eichbosonen auf [vgl. Quigg, 2013, S.
71f.]. Spontan gebrochene lokale Eichsymmetrien sind also der Grund,
weshalb die Eichbosonen der schwachen Wechselwirkung, im Gegensatz
zu denen der elektromagnetischen und der starken Wechselwirkung, eine Masse besitzen. Einen Überblick zu spontanen Symmetriebrechungen
und den Vorgängen des Higgs-Mechanismus sowie weiterführende Litera-
turhinweise liefern beispielsweise Scherer u. Schindler [2011] und Quigg
[vgl. 2013, Kap. 5].

5.2 Störungstheorie und Streumatrix

Die Wechselwirkungsvorgänge der Quantenelektrodynamik können als
Streuprozesse verstanden werden. Dieser Abschnitt widmet sich haupt-
sächlich der Suche nach einem Ausdruck, der den Übergang vom Zustand
freier Teilchen $|i\rangle$ vor ‚Beginn der Wechselwirkung' bis hin zum Zustand
freier Teilchen $|f\rangle$ nach ‚Beendigung der Wechselwirkung' beschreibt.
Dieser Ausdruck wird als Streumatrix, kurz S-Matrix, bezeichnet und
geht auf Heisenberg [1943] zurück.

$$\langle f| \, S \, |i\rangle =: S_{fi} \qquad (5.11)$$

ist die zugehörige Amplitude für diesen Übergang und

$$|\langle f| \, S \, |i\rangle|^2$$

seine Wahrscheinlichkeit [vgl. Mandl u. Shaw, 2010, S. 92].

Die Ausdrücke ‚Beginn' beziehungsweise ‚Ende' der Wechselwirkung
sind dabei problematisch, weil sich die Natur in der Regel als stetig er-
weist, sodass beispielsweise Streuungen an räumlich scharf begrenzten
Kastenpotenzialen lediglich stark vereinfachte mathematische Modellvorstellungen sind, die in der Natur nicht auftreten und Wechselwirkungen in der Regel adiabatisch zu- und abnehmen. Um von freien Teilchen

im Ein- und Ausgangszustand sprechen zu können, muss man sich also des doppelten Grenzübergangs

$$S := \lim_{\substack{t \to \infty \\ t_0 \to -\infty}} U(t, t_0) \tag{5.12}$$

bedienen, wobei $U(t, t_0)$ den Zeitentwicklungsoperator darstellt. Um zunächst einen Ausdruck für diesen zu finden, ist es hilfreich, einige Bemerkungen zur Zeitabhängigkeit des Hamiltonoperators und zum Wechselwirkungsbild vorweg zu schicken.

5.2.1 Hamiltonoperator der QED und Wechselwirkungsbild

Die Lagrange-Dichte der Quantenelektrodynamik (5.10) besitzt die Form

$$\mathscr{L} = \mathscr{L}_0 + \mathscr{L}_{\text{int}},$$

wobei $\mathscr{L}_0$ die freien Felder beschreibt und die Summe der Lagrange-Dichten der freien Dirac- und Maxwell-Felder ist. $\mathscr{L}_{\text{int}}$ sorgt dagegen für die Wechselwirkung der Felder.

Als erstes wird gezeigt, dass sich diese Struktur auf den Hamiltonoperator der Quantenelektrodynamik vererbt: Man sieht in Gleichung (5.10) sofort, dass $\mathscr{L}_{\text{Dirac}}$ unabhängig von $\dot{A}^\mu$ und $\mathscr{L}_{\text{Maxwell}}$ unabhängig von $\dot{\Psi}$ sowie $\dot{\Psi}^\dagger$ ist. Gleichzeitig tauchen in $\mathscr{L}_{\text{int}}$ überhaupt keine Ableitungen der Felder auf. Damit sind die zu den Feldern kanonisch konjugierten Impulse dieselben wie in der freien Theorie und die Hamilton-Dichte der Quantenelektrodynamik lautet

$$
\begin{aligned}
\mathscr{H}_{\text{QED}} &= \pi_\Psi \dot{\Psi} + \pi_{\Psi^\dagger} \dot{\Psi}^\dagger + \pi_A^j \dot{A}_j - \mathscr{L}_{\text{QED}} \\
&= \underbrace{\mathscr{H}_{\text{Dirac}} + \mathscr{H}_{\text{Maxwell}}}_{=: \mathscr{H}_0} + \underbrace{q\overline{\Psi}\gamma^\mu \Psi A_\mu}_{=: \mathscr{H}_{\text{int}}},
\end{aligned} \tag{5.13}
$$

wobei $\mathscr{H}_{\text{Dirac}}$ beziehungsweise $\mathscr{H}_{\text{Maxwell}}$ die Hamilton-Dichten des freien Dirac- beziehungsweise Maxwell-Feldes bezeichnen. Aus den Abschnitten 3.2.4 und 4.3.1 ist zudem klar, dass für den Hamiltonoperator, den man hieraus durch Integration erhält,

$$H_{\text{QED}} = H_0 + H_{\text{int}} \tag{5.14}$$

gilt, wobei H_0 unabhängig von Raum und Zeit ist. Diese Aufspaltung des Hamiltonoperators ermöglicht den Weg hinüber zum Wechselwirkungsbild, in dem einzig H_{int} noch eine Zeitabhängigkeit aufweisen kann.[3]

Der Übergang zwischen dem Schrödinger-Bild, welches bislang verwendet wurde, und dem Wechselwirkungsbild wird durch die unitäre Transformation

$$U_0 := e^{-i\frac{H_0}{\hbar}(t-t_0)}, \tag{5.15a}$$

$$|\Psi(t)\rangle_W = U_0^\dagger |\Psi(t)\rangle_S, \tag{5.15b}$$

$$O^W(t) = U_0^\dagger O^S U_0 \tag{5.15c}$$

vermittelt. Dabei bezeichnen $|\Psi(t)\rangle_W$ einen Zustand beziehungsweise O^W einen Operator im Wechselwirkungsbild und $|\Psi(t)\rangle_S$ und O^S den jeweils entsprechenden Zustand beziehungsweise Operator im Schrödinger-Bild. Wegen der Zeitunabhängigkeit von H_0 gilt

$$H_0^W = H_0^S. \tag{5.15d}$$

Setzt man nun Gleichung (5.15b) in die Schrödinger-Gleichung im Schrödinger-Bild ein, so lässt sich mit Hilfe der Beziehungen (5.15) die Schrödinger-Gleichung im Wechselwirkungsbild herleiten:[4]

$$i\hbar \frac{d}{dt} |\Psi(t)\rangle_W = H_{\text{int}}^W |\Psi(t)\rangle_W. \tag{5.16}$$

---

[3] Man unterscheidet gewöhnlich zwischen Operatoren und Zuständen im Schrödinger-, Heisenberg- und Wechselwirkungsbild, wobei alle drei Arten der Beschreibung durch unitäre Transformationen ineinander überführt werden können. Im ersten wird die Zeitabhängigkeit nur von der Wellenfunktion getragen, im zweiten tragen ausschließlich die Operatoren die Zeitabhängigkeit. Im Wechselwirkungsbild können Zustände *und* Operatoren zeitabhängig sein. Für nähere Informationen siehe etwa Mandl u. Shaw [vgl. 2010, S. 20f.]. Eine ausführliche Behandlung des Wechselwirkungsbildes bietet Rebhan [vgl. 2008, Kap. 8.4.2].

[4] Die Rechnung wird im Anhang auf Seite 161 vorgeführt.

Im Folgenden wird die Angabe des Bildes unterdrückt, weil nur noch im Wechselwirkungsbild gerechnet wird [vgl. Mandl u. Shaw, 2010, S. 21].

5.2.2 Dyson-Entwicklung der S-Matrix

Die Zustände zu verschiedenen Zeitpunkten werden im Wechselwirkungsbild durch den oben erwähnten Zeitentwicklungsoperator $U(t, t_0)$ miteinander verbunden:

$$|\Psi(t)\rangle = U(t, t_0) |\Psi(t_0)\rangle.$$

Wird dies in die Schrödinger-Gleichung im Wechselwirkungsbild (5.16) eingesetzt, erhält man eine Differenzialgleichung für den Zeitentwicklungsoperator:

$$i\hbar \frac{d}{dt} (U(t, t_0) |\Psi(t_0)\rangle) = H_{\text{int}}(t) U(t, t_0) |\Psi(t_0)\rangle$$

$$\Leftrightarrow i\hbar \frac{d}{dt} U(t, t_0) = H_{\text{int}}(t) U(t, t_0)$$

$$\Rightarrow U(t, t_0) - U(t_0, t_0) = \frac{1}{i\hbar} \int_{t_0}^{t} dt' H_{\text{int}}(t') U(t', t_0)$$

$$\Leftrightarrow U(t, t_0) = \mathbb{1} + \frac{1}{i\hbar} \int_{t_0}^{t} dt' H_{\text{int}}(t') U(t', t_0). \qquad (5.17)$$

Dabei wurde benutzt, dass offensichtlich $U(t_0, t_0) = \mathbb{1}$ sein muss [vgl. Scheck, 2013, S. 204f.].

Die anfängliche Differenzialgleichung wurde in eine sogenannte Volterra-Integralgleichung überführt. Als solche ist sie iterativ lösbar[5] und ihre Lösung lautet[6]

$$U(t, t_0) = \mathbb{1} + \sum_{n=1}^{\infty} \frac{1}{n!} \frac{1}{(i\hbar)^n} \int_{t_0}^{t} dt_1 ... \int_{t_0}^{t} dt_n T\{H_{\text{int}}(t_1) ... H_{\text{int}}(t_n)\}.$$

$$(5.18)$$

---

[5] Für einen allgemeinen Beweis der Lösbarkeit von Volterra-Integralen siehe Zeidler [2006, S. 386ff.]. Die physikalische Motivation für diese Lösbarkeit umfasst neben der hier vorgeführten Rechnung auch eine Erklärung über eine Schachtelung des Integrationsbereichs [vgl. Zeidler, 2006, S. 389ff.].

[6] Der ausführliche Lösungsweg kann im Anhang auf Seite 161 nachverfolgt werden.

Der Quotient $\frac{1}{n!}$ hängt dabei mit der Anzahl der möglichen Anordnungen der Zeiten zusammen und $T\{...\}$ ist der Zeitordnungsoperator, der seine Argumente zeitlich aufsteigend von rechts nach links ordnet und für jede dabei notwendige Vertauschung von Fermion-Operatoren mit einem Faktor (-1) multipliziert[7] [vgl. Greiner u. Reinhardt, 1993, S. 250ff.].

Über Gleichung (5.12) ergibt sich daraus die Dyson-Entwicklung der S-Matrix:

$$S = \mathbb{1} + \sum_{n=1}^{\infty} \frac{1}{n!} \frac{1}{(i\hbar)^n} \int_{-\infty}^{\infty} ... \int_{-\infty}^{\infty} dt_1 ... dt_n T\{H_{\text{int}}(t_1)...H_{\text{int}}(t_n)\}$$

(5.19a)

$$=: \mathbb{1} + \sum_{n=1}^{\infty} S^{(n)}.$$

(5.19b)

5.2.3 Kontraktionen, Feynman-Propagatoren und das Wick'sche Theorem

Bevor mit den Gleichungen (5.19) die Amplituden (5.11) berechnet werden können, bedarf es noch einiger mathematischer Vorarbeit, die jedoch in diesem Rahmen nur kurz angeschnitten werden kann. Eine ausführliche Darstellung findet sich unter anderem bei Greiner u. Reinhardt [1993, Kap. 8.4].

Zunächst sei für allgemeine Lösungen der Dirac- beziehungsweise Maxwell-Gleichung

$$\Psi(x) =: \Psi^+(x) + \Psi^-(x),$$

(5.20a)

$$A(x) =: A^+(x) + A^-(x)$$

(5.20b)

die Aufteilung in positive respektive negative Frequenzanteile. Nach Gleichung (2.59) und (3.18) (in Coulomb-Eichung) gilt dann

$$\Psi^+(x) = \int \frac{d^3p}{(2\pi\hbar)^3} \frac{mc^2}{E_p} \sum_{\lambda=\pm 1} b^{(\lambda)}(p) \Psi_{p,\lambda}^{(+)}(x),$$

(5.21a)

---

[7] Die Motivation und Definition des Zeitordnungsoperators geschieht in Fußnote 6 auf Seite 164.

$$\Psi^-(x) = \int \frac{d^3p}{(2\pi\hbar)^3} \frac{mc^2}{E_p} \sum_{\lambda=\pm 1} d^{(\lambda)\dagger}(p)\Psi_{p,\lambda}^{(-)}(x), \tag{5.21b}$$

$$A^+(x) = \left(0, \int \frac{d^3k}{(2\pi)^3 2\hbar\omega(\vec{k})} \sum_{\lambda=1}^{2} \vec{\epsilon}^{(\lambda)}(k)a^{(\lambda)}(k)e^{-ik\cdot x}\right)^T, \tag{5.21c}$$

$$A^-(x) = \left(0, \int \frac{d^3k}{(2\pi)^3 2\hbar\omega(\vec{k})} \sum_{\lambda=1}^{2} \vec{\epsilon}^{(\lambda)}(k)a^{(\lambda)\dagger}(k)e^{ik\cdot x}\right)^T. \tag{5.21d}$$

Für zwei Feldoperatoren ψ und ϕ, die wie in (5.20) in positive Frequenzanteile mit einem Vernichtungsoperator und negative Frequenzanteile mit einem Erzeugungsoperator aufgeteilt werden können, gilt dann

$$\begin{aligned}
\psi\phi &= \psi^+\phi^+ + \psi^-\phi^+ + \psi^+\phi^- + \psi^-\phi^- \\
&= \underbrace{\psi^+\phi^+ + \psi^-\phi^- + \psi^-\phi^+ \mp \phi^-\psi^+}_{= \,:\phi\psi:} + \psi^+\phi^- \pm \phi^-\psi^+.
\end{aligned} \tag{5.22}$$

Hierbei kommt das jeweils obere Vorzeichen von $\mp$ und $\pm$ zur Anwendung, falls beide Feldoperatoren zu Fermi-Feldern gehören und das untere, falls eines oder beide Felder Bosonen beschreiben. Außerdem ist der Vakuumerwartungswert eines normalgeordneten Produkts stets Null.[8] Deswegen gilt, wenn man den Vakuumerwartungswert von Gleichung (5.22) nimmt,

$$\begin{aligned}
\langle 0|\,\psi\phi\,|0\rangle &= \langle 0|\,\psi^+\phi^- \pm \phi^-\psi^+\,|0\rangle \\
&= \left(\psi^+\phi^- \pm \phi^-\psi^+\right)\langle 0|0\rangle.
\end{aligned} \tag{5.23}$$

Für den letzten Schritt wurde benutzt, dass Kommutatoren beziehungsweise Antikommutatoren von Feldern keine Operatoren mehr sind, sondern (komplexe) Zahlen [vgl. Mandl u. Shaw, 2010, S. 95]. Für das zeitgeordnete Produkt von (5.22) folgt damit für $x_0 \neq y_0$:

$$T\{\psi(x)\phi(y)\} = \underbrace{T\{:\psi(x)\phi(y):\}}_{=\,:\psi(x)\phi(y):} + \underbrace{T\{\langle 0|\,\psi(x)\phi(y)\,|0\rangle\}}_{=\langle 0|T\{\psi(x)\phi(y)\}|0\rangle}.^{9)} \tag{5.24}$$

---

[8] Im normalgeordneten Produkt stehen die Vernichtungsoperatoren rechts von den Erzeugungsoperatoren, sodass entweder $\langle 0|\,\psi^+$, $\psi^-\,|0\rangle$, $\langle 0|\,\phi^+$ oder $\phi^-\,|0\rangle$ eine Null erzeugt.

Umformen liefert die sogenannte „Kontraktion" von ψ und ϕ,

$$\underline{\psi(x)\phi(y)} := \langle 0 |\, T\{\psi(x)\phi(y)\}\, | 0 \rangle = T\{\psi(x)\phi(y)\} - \; :\psi(x)\phi(y): . \quad (5.25)$$

Als Vakuumerwartungswert verschwindet sie, es sei denn, dass einer der beiden Operatoren $\psi(x)$ und $\phi(y)$ ein Teilchen bei x (beziehungsweise y) erzeugt, das der andere bei y (beziehungsweise x) vernichtet. Die nicht-verschwindenden Kontraktionen werden daher auch als „Feynman-Propagatoren" bezeichnet. Sie beschreiben also die Erzeugung (beziehungsweise Emission) virtueller Teilchen am ersten Punkt und deren Propagation zum zweiten Punkt, an dem sie wieder vernichtet (beziehungsweise absorbiert) werden [vgl. Mandl u. Shaw, 2010, S. 95ff.].[10] Für das Maxwell-[11] respektive Dirac-Feld[12] lauten sie

$$\underline{A^\mu(x)A^\nu}(y) = i\hbar c D_F^{\mu\nu}(x-y)$$

$$= -i\hbar c g^{\mu\nu} \int \frac{d^4 k}{(2\pi)^4} \frac{e^{-ik\cdot(x-y)}}{k^2 + i\varepsilon}, \qquad (5.26a)$$

---

[9] Wenn man von (5.24) auf beiden Seiten erneut den Vakuumerwartungswert nimmt und beachtet, dass dies auf den letzten Term keinen Einfluss hat, wird offensichtlich, dass man den Zeitordnungsoperator in den Vakuumerwartungswert hereinziehen kann.

[10] Nach Veltman [vgl. 1995, S. 54] beschreibt der Feynman-Propagator eine Funktion eines physikalischen Teilchens, das sich von dem Punkt mit kleinerer Zeitkomponente hin zu dem mit größerer Zeitkomponente bewegt. Die Exponentialfunktion ist das Produkt zweier ebener Wellen, die zu Teilchen mit gleichen Massen und Impulsen gehören und von denen das eine den Startpunkt verlässt und das andere am Zielpunkt eintrifft. Dieses Produkt hängt mit der Wahrscheinlichkeit für den Vorgang zusammen. Dahinter verbirgt sich der Kausalitäts-Gedanke, dass sich positive Energie stets vorwärts in der Zeit bewegt.

[11] Bislang wurde das Maxwell-Feld immer in Coulomb-Eichung betrachtet. Der nachfolgende kovariante Feynmanpropagator kann entweder über eine kovariante Quantisierung berechnet (siehe Mandl u. Shaw [2010, Kap. 5.2]) oder aus demjenigen Propagator hergeleitet werden, den man beispielsweise in der Coulomb-Eichung bestimmen kann (siehe Schwabl [2005, Kap. 14.5]).

[12] Eine Herleitung des Fermion-Propagators findet sich bei Mandl u. Shaw [2010, Kap. 4.4]

$$\underbrace{\Psi_\alpha(x)\overline{\Psi}_\beta(y)} = -\underbrace{\overline{\Psi}_\beta(y)\Psi_\alpha(x)}$$

$$= iS_F^{\alpha\beta}(x-y)$$

$$= i\hbar \int \frac{d^4p}{(2\pi\hbar)^4} \frac{(\not{p}+mc\mathbb{1})_{\alpha\beta}\,e^{-ik\cdot(x-y)}}{p^2-m^2c^2+i\varepsilon}. \tag{5.26b}$$

Dabei ist $\varepsilon > 0$ eine sehr kleine Konstante, mit der jeweils die Definitionslücke durch die Nullstele des Nenners geschlossen wird [vgl. Mandl u. Shaw, 2010, S. 52 und Mandl u. Shaw, 2010, S. 78][13].

Gleichung (5.24) ist übrigens ein Spezialfall des nach Wick [1950] benannten Theorems

$$T\{ABCD...WXYZ\}$$

$$= :ABCD...WXYZ:$$

$$+ :A\underbrace{BCD...WXY}Z: + :AB\underbrace{CD...WX}YZ: +...+ :ABCD...WX\underbrace{YZ}:$$

$$+ :A\underbrace{B}C\underbrace{D...WXY}Z: + :AB\underbrace{C\underbrace{D...W}X}YZ: +...+ :ABCD...W\underbrace{X}\underbrace{YZ}:$$

$+$Summe über alle möglichen Terme mit drei Kontraktionen

$$+... \tag{5.27}$$

[vgl. Greiner u. Reinhardt, 1993, S. 265].[14]

5.3 Feynman-Diagramme und Regeln der Quantenelektrodynamik

Im bisherigen Verlauf dieser Arbeit wurde ein erster Blick auf die Quantenelektrodynamik[15] im kanonischen Formalismus geworfen. Bei diesem

---

[13] Bei verschiedenen Autoren gestaltet sich die Definition der Propagatoren unterschiedlich, beispielsweise zieht Rebhan [vgl. 2010, S. 271] die Konstante $\hbar c$ mit in die Definition von $D_F^{\mu\nu}$. Außerdem benutzt dieser keine Gauß-, sondern SI-Einheiten, weshalb die Konstante μ_0 hinzukommt.

[14] Der Beweis dieses Satzes erfolgt durch Induktion und liefert für diese Arbeit keinen Mehrwert. Neben dem Originalartikel ist er beispielsweise bei Greiner u. Reinhardt [1993, Aufg. 8.2] nachzulesen.

[15] Genau genommen wurde ausschließlich die QED im engeren Sinne, also die von Spinoren, betrachtet, wogegen andere geladene Teilchen wie elektrisch geladene Mesonen ausgeblendet wurden.

folgen die Ergebnisse aus allgemeinen feldtheoretischen Prinzipien. Ein anderes Vorgehen stammt von Feynman, dem es von der Dirac-Gleichung ausgehend gelang, durch Intuition einen schnellen und zudem korrekten Zugang zur Quantenelektrodynamik zu schaffen, der komplizierte Rechnungen verkürzt und durch die Feynman-Graphen ein mächtiges Werkzeug zur Visualisierung bereitstellt. Im Gegenzug sind die logischen Grundlagen der Theorie deutlich komplizierter als beim feldtheoretischen Ansatz [vgl. Dyson, 2014, S. 163f.]. Aus diesem Grund kann die Einführung der Feynman-Regeln der Quantenelektrodynamik hier nur sehr lückenhaft geschehen.[16] Sie lassen sich allerdings als Verallgemeinerung dessen auffassen, was man mit dem mathematischen Rüstzeug aus den vergangenen Abschnitten erhält, wenn man die Übergangsamplituden S_{fi} einiger Beispielprozesse berechnet. Diese Arbeit beschränkt sich auf das Exempel der Compton-Streuung.

5.3.1 Compton-Streuung im Ortsraum

Die Prozesse der ersten Ordnung der Streumatrix $S^{(1)}$ bilden die fundamentalen Prozesse der QED-Wechselwirkungen. Dabei handelt es sich um Elektronenstreuung, Positronenstreuung, Paarvernichtung und Paarerzeugung, bei denen jeweils entweder ein Photon absorbiert oder emittiert werden kann. Aus diesen fundamentalen Wechselwirkungsprozessen, denen man jeweils ein Feynman-Diagramm zuordnen kann, sind alle weiteren Prozesse beziehungsweise Feynman-Diagramme der QED zusammengesetzt. Das Problem mit diesen Elementarprozessen ist jedoch, dass sie in der Natur nicht vorkommen, weil sie die Viererimpulserhaltung verletzen [vgl. Mandl u. Shaw, 2010, S. 100, 112f.]. Die ersten „physikalischen" Prozesse finden sich damit ab der zweiten Ordnung der S-Matrix:

$$S^{(2)} \overset{(5.19)}{=} \frac{-1}{2!\hbar^2} \int\int d^4x d^4y \, T\{\mathscr{H}_{\text{int}}(x)\mathscr{H}_{\text{int}}(y)\}$$

$$\overset{(5.13)}{=} \frac{-e^2}{2!\hbar^2} \int\int d^4x d^4y \, T\{:(\overline{\Psi}\slashed{A}\Psi)(x)::(\overline{\Psi}\slashed{A}\Psi)(y):\}. \qquad (5.28)$$

---

[16] Für eine Begründung der Feynman-Regeln der Quantenelektrodynamik siehe Feynman [1950]. Mit Veltman [1995] sei zudem auf eine Einführung in die Quantenfeldtheorie verwiesen, welche die Prinzipien hinter den Feynman-Regeln herausstellt und den Rest der Theorie auf diese Regeln aufbaut.

Mit Hilfe des Wick-Theorems (5.27) lässt sich das zeitgeordnete Produkt in acht verschiedene nicht-verschwindende Summanden aufteilen. Dabei kommt es zweimal vor, dass sich zwei Summanden zusammenfassen lassen,[17] sodass man $S^{(2)}$ letztendlich in sechs Summanden $S_A^{(2)}$ bis $S_F^{(2)}$ aufteilen kann.

In dieser Arbeit soll exemplarisch die Compton-Streuung von Elektronen untersucht werden. Bei dieser sind im Anfangs- und Endzustand jeweils ein Elektron und ein Photon vorhanden. Das zugehörige Matrixelement für den Übergang zwischen den Punkten x und y muss also für beide Punkte jeweils einen unkontrahierten Fermion- und einen Photon-Operator enthalten.[18] Der einzige der sechs Summanden, der diese Bedingung erfüllt, lautet in der Notation von Mandl u. Shaw [2010]:

$$S_B^{(2)} = \frac{-e^2}{2!\hbar^2} \int \int d^4x d^4y \big(\quad : (\overline{\Psi}A\Psi)(x)(\overline{\Psi}A\Psi)(y) : \tag{5.29}$$
$$+ \; : (\overline{\Psi}A\Psi)(x)(\overline{\Psi}A\Psi)(y) : \big)$$

Um die beiden Hamilton-Dichten zu vertauschen, müssen vier Fermi-Operatoren vertauscht werden, sodass

$$: (\overline{\Psi}A\Psi)(x)(\overline{\Psi}A\Psi)(y) : \; = \; : (\overline{\Psi}A\Psi)(y)(\overline{\Psi}A\Psi)(x) : \tag{5.30}$$

gilt. Deswegen verkürzt sich (5.29) durch Umbenennung der Integrationsvariablen zu

$$S_B^{(2)} = \frac{-e^2}{\hbar^2} \int \int d^4x d^4y \big(: (\overline{\Psi}A\Psi)(x)(\overline{\Psi}A\Psi)(y) : \big). \tag{5.31}$$

Spaltet man die Felder nun in ihre positiven und negativen Frequenzanteile auf, entsteht durch Ausmultiplizieren erneut eine Summe, in der jeder Summand einen anderen Streuprozess repräsentiert. Wegen der geforderten Anfangs- und Endzustände der Compton-Streuung von Elektronen beschränkt sich die Suche auf nur zwei Summanden. Zusammen-

---

[17] Siehe Mandl u. Shaw [vgl. 2010, S. 101]. Dies funktioniert nach dem Prinzip von (5.30).

[18] Dieses Suchkriterium wird im Folgenden noch einmal deutlich werden, wenn das Matrixelement für die Compton-Streuung gefunden ist und seine Bestandteile interpretiert werden.

gefasst und normalgeordnet ergeben sie die Übergangsamplitude der Compton-Streuung von Elektronen:

$$S^{(2)}_{\text{Compton}}$$

$$= \frac{-e^2}{\hbar^2} \int \int d^4x \, d^4y \quad \overline{\Psi}^-(x)\gamma^\mu i S_F(x-y)\gamma^\nu \tag{5.32}$$
$$\times \Big(\underbrace{A_\mu^-(x)A_\nu^+(y)}_{\text{a)}} + \underbrace{A_\nu^-(y)A_\mu^+(x)}_{\text{b)}} \Big) \Psi^+(y).$$

Wertet man Gleichung (5.32) zwischen dem Anfangszustand $|i\rangle$ und dem Endzustand $|f\rangle$ aus und liest sie von rechts nach links, dann erhält man die beiden folgenden möglichen Prozessabläufe:[19]

1. $\Psi^+(y)$ absorbiert ein einlaufendes Elektron im Punkt y,

2. a) $A^+(y)$ absorbiert ein einlaufendes Photon im Punkt y oder

   b) $A^+(x)$ absorbiert ein einlaufendes Photon im Punkt x

3. $i S_F(x-y)$ propagiert ein virtuelles Elektron von y nach x,

4. a) $A^-(y)$ emittiert ein auslaufendes Photon im Punkt y oder

   b) $A^-(x)$ emittiert ein auslaufendes Photon im Punkt x,

5. $\overline{\Psi}^-(x)$ emittiert ein auslaufendes Elektron im Punkt x.

Dies entspricht den Feynman-Diagrammen im Ortsraum in Abbildung 5.1. Die übrigen Summanden aus (5.31) repräsentieren die Compton-Streuung von Positronen, die Paarvernichtung mit zwei Photonen und die Paarerzeugung mit zwei Photonen [vgl. Mandl u. Shaw, 2010, S. 101ff.].

5.3.2 Compton-Streuung im Impulsraum

In der Regel werden die Anfangs- und Endzustände von Streuprozessen durch die vorliegenden Teilchen mit gegebenen Impuls-, Spin- und

---

[19] Wo sich die beiden Abläufe unterscheiden, lese man die mit a) beziehungsweise b) gekennzeichneten Unterpunkte für den ersten respektive zweiten möglichen Ablauf.

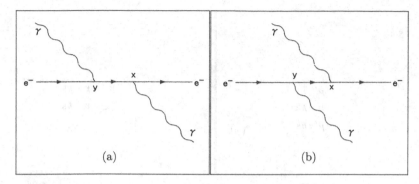

Abbildung 5.1: Feynman-Diagramme zur Compton-Streuung
von Elektronen im Ortsraum
Links ist jeweils der Ausgangs- und rechts der Endzustand dargestellt. Das linke Feynman-Diagramm entspricht dem mit a) und
das rechte dem mit b) markierten Ablauf [Abbildung mit angepasster Notation nach: Mandl u. Shaw, 2010, S. 103].

Polarisationseigenschaften charakterisiert. Zu diesem Zweck bezeichne
beispielsweise

$$\left| e^-, \vec{p}, s; \gamma, \vec{k}, \lambda \right\rangle$$

von nun an den Zustand, in dem ein Elektron mit Impuls $\vec{p}$ und Spin-
eigenwert s[20] sowie ein Photon mit Impuls $\hbar\vec{k}$ und Polarisation λ vorhanden sind.

Abbildung 5.2 zeigt die Feynman-Diagramme 5.1 im Impulsraum. Die
Übersetzung der Übergangsamplituden in den Impulsraum entspricht im

---

[20]Der Spin ist nicht zu verwechseln mit der Helizität, die in Abschnitt 2.3.1 eingeführt und für die Klassifikation der Dirac-Lösungen benutzt wurde. Diese geän-
derte Beschreibung soll die Gefahr einer Verwechslung mit der Polarisation λ der
Photonen verringern.

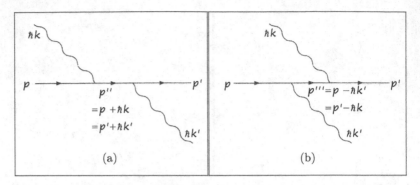

Abbildung 5.2: Feynman-Diagramme zur Compton-Streuung
von Elektronen im Impulsraum
Links ist jeweils der Ausgangs- und rechts der Endzustand dargestellt. Das linke Feynman-Diagramm entspricht dem mit a) und
das rechte dem mit b) markierten Ablauf [Abbildung mit angepasster Notation nach: Mandl u. Shaw, 2010, S. 113].

Prinzip einer Fourier-Transformation. Für die Propagatoren liest man
aus (5.26) die Fourier-Transformierten

$$S_F(p) = \hbar \frac{\not{p} + mc}{p^2 - m^2 c^2 + i\varepsilon}, \tag{5.33a}$$

$$D_F^{\mu\nu}(k) = \frac{-g^{\mu\nu}}{k^2 + i\varepsilon} \tag{5.33b}$$

ab [vgl. Mandl u. Shaw, 2010, S. 110 und Mandl u. Shaw, 2010, S. 82].
Mit Hilfe von (5.21) und (2.50) findet man entsprechend für die Feldoperatoren[21]

$$\Psi^+(x) \left| e^-, \vec{p}, s \right\rangle = \left| 0 \right\rangle \frac{mc^2}{(2\pi\hbar)^3 E_p} u^{(s)}(p) e^{-i\frac{p}{\hbar} \cdot x}, \tag{5.34a}$$

$$A_\mu^+(x) \left| \gamma, \vec{k}, \lambda \right\rangle = \left| 0 \right\rangle \frac{\epsilon_\mu^{(\lambda)} e^{-ik \cdot x}}{(2\pi)^3 2\hbar\omega(\vec{k})} \tag{5.34b}$$

---

[21] Da die Zustände nur Teilchen mit einem bestimmten Impuls enthalten, wirken
sie sich wie eine Deltadistribution auf die Integrale über Vernichtungsoperatoren
aus.

[vgl. Mandl u. Shaw, 2010, S. 111]. Daraus folgt durch einige Umformungen[22] die Übergangsamplitude der Comptonstreuung in niedrigster Ordnung

$$\left\langle e^-, \vec{p}', s'; \gamma, \vec{k}', \lambda' \left| S^{(2)}_{\text{Compton}} \right| e^-, \vec{p}, s; \gamma, \vec{k}, \lambda \right\rangle$$

$$= \frac{-e^2}{\hbar^2} \frac{mc^2}{(2\pi\hbar)^3 E_p'} \overline{u}^{(s')}(p') \tag{5.35}$$

$$\times \left(\frac{2\pi}{\hbar} \right)^4 \delta^4 \left(\frac{p'}{\hbar} + k' - \frac{p}{\hbar} - k \right)$$

$$\times \left(\frac{\not{\epsilon}^{(\lambda')}(k')}{(2\pi)^3 2\hbar\omega(\vec{k}')} i S_F(p + \hbar k) \frac{\not{\epsilon}^{(\lambda)}(k)}{(2\pi)^3 2\hbar\omega(\vec{k})} \right.$$

$$\left. + \frac{\not{\epsilon}^{(\lambda)}(k)}{(2\pi)^3 2\hbar\omega(\vec{k})} i S_F(p - \hbar k') \frac{\not{\epsilon}^{(\lambda')}(k')}{(2\pi)^3 2\hbar\omega(\vec{k}')} \right)$$

$$\times \frac{mc^2}{(2\pi\hbar)^3 E_p} u^{(s)}(p)$$

[vgl. Mandl u. Shaw, 2010, S. 114].

5.3.3 Feynman-Regeln der Quantenelektrodynamik

Die Berechnungen in den vorangegangenen Abschnitten können selbstverständlich nicht als Herleitung der Feynman-Regeln der QED bezeichnet werden. Jedoch zeigen sich schon an diesem Beispiel deutlich die Parallelen zwischen den Termen, die man über die Berechnung der Übergangsamplituden aus der störungstheoretischen Dyson-Reihe erhält und Feynmans Diagrammen, die für unkundige Betrachter allenfalls eine qualitative Beschreibung der Vorgänge zu sein scheinen. Eben diese Parallelen machen die Feynman-Diagramme jedoch zu einem enorm mächtigen Werkzeug in der theoretischen Physik. Man kann aus ihnen Regeln ableiten, mit deren Hilfe man jedes Feynman-Diagramm eines bestimmten Streuprozesses in eine Übergangsamplitude, genauer: einen Teil eines

---

[22] Die Rechnung wird im Anhang auf Seite 165 präsentiert.

Matrixelements der S-Matrix, übersetzen kann.[23] Natürlich kann ein Feynman-Diagramm auf viele verschiedene topologisch äquivalente Arten gezeichnet werden. Es interessieren also nur diejenigen Diagramme, die sich topologisch voneinander unterscheiden. Im Fall der Compton-Streuung erhält man zwei verschiedene Diagramme, die zu je einer Amplitude führen. Die Summe liefert das Matrixelement des gesamten Prozesses.

Diese Arbeit beschränkt sich zum einen auf die reine Spinor-QED, also die Quantenelektrodynamik fermionischer Spinoren, in der unter anderem elektrisch geladene Mesonen nicht berücksichtigt werden. Zum zweiten würde es den Rahmen dieser Arbeit über Gebühr strapazieren, über reine Baumdiagramme hinauszugehen. Damit ist gemeint, dass alle Diagramme höherer Ordnung, bei denen geschlossene Linien und Schleifen auftreten, ebenfalls ausgeklammert werden müssen, weil bei betreffenden Vorgängen Divergenzen zum Vorschein kommen, die erst im Zuge einer Regularisierung und Renormierung ausgeräumt werden können.[24] Diese QED im engeren Sinne und in niedrigster Ordnung hat am Beispiel der Compton-Streuung bereits den größten Teil ihrer Regeln preisgegeben. Lediglich Photon-Propagatoren kommen darin nicht vor, diese werden jedoch ähnlich wie Fermion-Propagatoren behandelt und wurden in den Gleichungen (5.26a) und (5.33b) bereits aufgeführt.

Ein Matrixelement für einen Übergang $|i\rangle \to |f\rangle$ besitzt ganz allgemein die Form

$$\langle f| \, S \, |i\rangle = \delta_{fi} + (2\pi)^4 \delta^4(P_i - P_f) \sum_{n=1}^{\infty} S_{fi}^{(n)}. \qquad (5.36)$$

Das Kronecker-δ steht symbolisch für den Fall, dass es zu keiner Wechselwirkung kommt und Anfangs- und Endzustand übereinstimmen und der Faktor $(2\pi)^4 \delta^4(P_i - P_f)$ garantiert die Vierererimpulserhaltung zwischen

---

[23] Für eine ausführliche Diskussion der Prinzipien, die den Feynman-Regeln zugrunde liegen, und eine Diskussion der QED, die auf diesen Prinzipien aufbaut, siehe Veltman [1995].

[24] Ein Beispiel ist die Selbstenergie der Elektronen. Bei geschlossenen Schleifen treten sogenannte „freie Impulse" auf, über die dann integriert werden muss. Dabei können Unendlichkeiten auftreten. Erst eine Regularisierung und Renormierung liefern Abhilfe [vgl. Mandl u. Shaw, 2010, S. 117f. und 161f.].

Anfangs- und Endzustand. In jeder Ordnung setzen sich die Summanden $S^{(n)}$ gemäß folgender Regeln zusammen:

1. Für jeden Knotenpunkt, auch Vertex genannt, schreibt man einen Faktor $\frac{q}{i\hbar}\gamma^\mu$. Dieser folgt zum einen aus dem Auftreten der Ladung q als Kopplungskonstante in $\mathscr{H}_{\text{int}}$ und zum anderen aus (5.19) und den $n!$ topologisch äquivalente Möglichkeiten, das Feynman-Diagramm eines Streuprozesses in n-ter Ordnung zu zeichnen [vgl. Mandl u. Shaw, 2010, S. 105f., 119].

2. Innere Linien:

   a) Jede innere Photonlinie liefert einen Faktor $iD_F^{\mu\nu}(k)$ aus (5.33b).

   Abbildung 5.3: Innere Photonlinie

   b) Eine innere Elektron- beziehungsweise Fermionlinie entspricht einem Faktor $iS_F(p)$ aus (5.33a).

   Abbildung 5.4: Innere Elektronlinie

3. Äußere Linien:

   a) Einlaufende Elektronen mit Impuls p und Spin s tragen einen Faktor $\frac{mc^2}{(2\pi\hbar)^3 E_p}u^{(s)}(p)$ bei. Für auslaufende Elektronen ist der Faktor adjungiert.

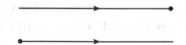

   Abbildung 5.5: Ein- und auslaufendes Elektron

b) Für Positronen mit Impuls p und Spin s im Anfangszustand tritt der Faktor $\dfrac{mc^2}{(2\pi\hbar)^3 E_p}\bar{v}^{(-s)}(p)$ auf, für Positronen im Endzustand wird er adjungiert.

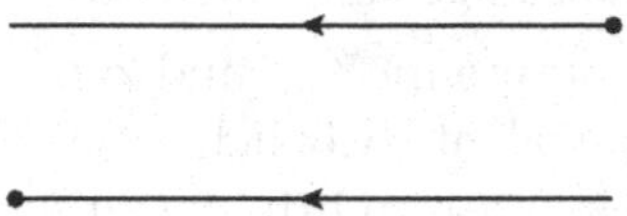

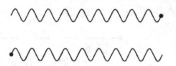

Abbildung 5.6: Ein- und auslaufendes Positron

c) Photonen im Anfangs- beziehungsweise Endzustand mit Impuls $\hbar k$ und linearer Polarisation λ tragen jeweils mit dem Faktor $\dfrac{\epsilon_\mu^{(\lambda)}(k)}{(2\pi)^3 2\hbar\omega(\vec{k})}$ bei. Für nicht-lineare Polarisation ist $\epsilon_\mu^{(\lambda)}(k)$ nicht mehr reell. Dann tritt für Photonen im Endzustand das komplex Konjugierte $\epsilon_\mu^{*(\lambda)}(k)$ auf.

Abbildung 5.7: Ein- und auslaufende Photonen

4. Die Reihenfolge der Faktoren von rechts nach links entspricht der Abfolge der Pfeile im Diagramm von links nach rechts.

5. An jedem Vertex gilt Viererimpulserhaltung.

6. Für jede Vertauschung benachbarter Fermion-Operatoren, die notwendig ist, um das Produkt normalzuordnen, tritt ein Faktor (-1) hinzu.

Diese Regeln können sowohl für höhere Ordnungen als auch für andere Wechselwirkungen verallgemeinert werden [vgl. Mandl u. Shaw, 2010, S. 118ff.].

6 Zusammenfassung und Ausblick

Diese Arbeit zeichnet den langen Weg von den Anfängen der relativistischen Quantenmechanik bis hin zu den Feynman-Regeln der Quantenelektrodynamik nach. Die Länge dieses Weges verlangt nach einer starken Eingrenzung der zu betrachtenden Themen. Deswegen konnten viele interessante Aspekte, wie beispielsweise der Vergleich des gemessenen Wasserstoffspektrums mit den Energiespektren, die von der Schrödinger-, Klein-Gordon- und Dirac-Gleichung vorhergesagt werden, keinen Eingang in diese Arbeit finden.[1] An betreffenden Stellen wurde jedoch auf ergänzende Arbeiten oder einschlägige Literatur verwiesen.

Der erste Teil dieser Arbeit konzentriert sich auf eine ausführliche Diskussion der freien Dirac-Gleichung. Auf den historischen Hintergrund und die Analyse ihrer Eigenschaften folgend wird diese gelöst. Ihre Lösungen, beziehungsweise vielmehr deren konkurrierende Interpretationen, stellen im Zusammenhang mit der Entdeckung der Antiteilchen einen historischen Meilenstein der Physikgeschichte dar und nehmen daher auch in dieser Arbeit den ihnen gebührenden Platz ein.

Der zweite Teil ist dagegen straffer auf die Entwicklung hin zur QED ausgerichtet. Zunächst wurde das klassische Maxwell-Feld quantisiert. Dies geschah in Anlehnung an den quantenfeldtheoretischen Formalismus der kanonischen Quantisierung. Da eine vollständige Darstellung des kanonischen Formalismus am Beispiel der Klein-Gordon-Gleichung den Rahmen der Arbeit überstrapaziert hätte, musste an entsprechender Stelle auf die Literatur verwiesen werden.[2] Dennoch wurden alle Variationen motiviert, die am kanonischen Formalismus vorgenommen werden müssen, um der Masselosigkeit des Maxwellfeldes Rechnung zu

---

[1] Siehe beispielsweise Ardic [2013, Kap. 3, 5] und Schiff [1968, S. 467-471].

[2] Siehe hierzu etwa Itzykson u. Zuber [2005, Kap. 3.1], Bjorken u. Drell [1967, Kap. 12], Mandl u. Shaw [2010, Kap. 3] oder Greiner u. Reinhardt [1993, Kap. 4].

tragen. Der Nachteil dieser Quantisierung, dass sie nämlich nicht manifest kovariant ist, wurde dabei bewusst in Kauf genommen, weil bei der kovarianten Quantisierung nach Gupta [1950] und Bleuler [1950] die „zwingende[n] physikalische[n] Interpretierbarkeit" verloren gegangen wäre [vgl Bjorken u. Drell, 1967, S. 75]. Daher wurde auf Letztere nur verwiesen.

Ähnliches gilt auch für das darauffolgende Kapitel, in dem das Dirac-Feld quantisiert, beziehungsweise als Quantenfeld ohne klassischen Grenzfall wahrgenommen wurde. Auch an dieser Stelle stand dank Schwinger [1951] ein manifest kovarianter Formalismus bereit, in dem die Operatoren allerdings ebenfalls ihre Interpretierbarkeit verlieren [vgl. Dyson, 2014, S. 65]. Stattdessen wurde mit einem Rekurs auf den Zusammenhang zwischen Spin und Statistik begründet, wie und warum die kanonische Quantisierung abgeändert werden muss, um sie auf Elektronen und andere Fermionen anwenden zu können. Die relativistische Kovarianz der Ergebnisse wurde im Anschluss an diese Quantisierung gezeigt.

Im letzten Kapitel wurden die einzelnen Bausteine nun zusammengefügt: Über die Forderung der lokalen Eichinvarianz als dynamischem Prinzip wurde eine Lagrange-Dichte hergeleitet, welche sowohl die Bewegung freier Photonen und geladener Fermionen als auch die Wechselwirkung zwischen den beiden Feldern beschreibt. Aus dieser Lagrange-Dichte der Quantenelektrodynamik wurde der Hamiltonoperator gebildet. Das Wechselwirkungsbild führte anschließend über die Dyson-Entwicklung der S-Matrix zum Wick'schen Theorem und der Definition von Feynman-Propagatoren. Deren Einführung wäre natürlich auch zu einem früheren Zeitpunkt möglich gewesen, etwa im Zusammenhang mit einer Verallgemeinerung gleichzeitiger (Anti-) Vertauschungsrelationen im Ortsraum. Allerdings stünden sie in diesem Falle zunächst unverknüpft und unmotiviert für sich alleine. Erst die Einführung in Feynman-Diagramme und die Berechnung von S-Matrix-Elementen bildeten in der vorliegenden Ausarbeitung einen sinnstiftenden Rahmen für die Feynman-Propagatoren.

Die angesprochenen S-Matrix-Elemente wurden für den konkreten Fall der Compton-Streuung im Ortsraum berechnet und in den Impulsraum übertragen. Ein Vergleich mit der Impulsbilanz in den entsprechenden Feynman-Diagrammen lieferte schließlich einen Teil der Feynman-Regeln der Quantenelektrodynamik.

Da die vorliegende Arbeit vor allem versucht, die bemerkenswerte Entwicklung von der Dirac-Gleichung hin zur Quantenelektrodynamik verständlich und kompakt darzustellen, wäre es wohl illusorisch, von ihr neue wissenschaftliche Erkenntnisse zu erwarten. Die Fülle an Nobelpreisen, die den nachvollzogenen Weg säumen, dürfte verdeutlichen, wie elaboriert die Theorie bereits ist.[3] Der angestrebte Wert der vorliegenden Arbeit liegt vielmehr in einer kurzen, aber dennoch verständlichen Darstellung des Themas, die über die Dirac-Gleichung, ihre Lösungen und einige historische Randnotizen einen interessanten und motivierenden Einblick in die Quantenelektrodynamik gewährt. Die durchgehende Darstellung der Theorie ohne den Gebrauch natürlicher Einheiten[4] stellt ebenso eine Besonderheit dar wie die konsequente Verwendung der Kontinuumsschreibweise, welche in der Regel durch die Einführung eines diskretisierten Fock-Raums umgangen wird. Zudem weist die vorliegende Abhandlung an einigen Stellen über die Grenzen des eigenen Themas hinaus und stellt Querverbindungen zu anderen zentralen Konzepten und Errungenschaften der modernen Physik heraus. Beispiele sind etwa das CPT-Theorem, der Zusammenhang zwischen Spin und Statistik sowie das Eichprinzip, die in dieser Arbeit zumindest knapp angesprochen wurden. Diese Verweise sollen dem Zweck dienen, interessierten Lesern einen Einstieg zur weiteren Literaturrecherche zu bieten und zur Auseinandersetzung mit Originalartikeln anzuregen. Darüber hinaus wurden die Löchertheorie und Feynman-Stückelberg-Interpretation auch hinsichtlich ihrer Verwendbarkeit im Physikunterricht in der Schule untersucht.

Aus den Rahmenbedingungen der vorliegenden Arbeit ergeben sich eine ganze Reihe von Themen, die keinen Eingang mehr finden konn-

---

[3] Die Nobelpreisträger, deren Verdienste mit einzelnen Aspekten dieser Arbeit verwoben sind, lauten Louis V. P. R. de Broglie(1929); Erwin Schrödinger und Paul A. M. Dirac (1933); Carl D. Anderson (1936); Wolfgang E. Pauli (1945); Tsung-Dao Lee und Chen-Ning Yang (1957); Shin'itiro Tomonaga, Julian S. Schwinger und Richard P. Feynman (1965) sowie James W. Cronin und Val L. Fitch (1980) [Nobel Media AB, 2013].

[4] In dieser Arbeit werden für eine einfachere Beschreibung des elektromagnetischen Feldes rationalisierte Gauß-Einheiten (Heaviside-Lorentz-Einheiten) verwendet. Ein durchgängiger Verzicht auf natürliche Einheiten findet sich ansonsten lediglich bei Rebhan [2010]. Dort werden allerdings konsequent SI-Einheiten verwendet.

ten. Sie könnten das Thema weiterer Ausarbeitungen bilden, welche die vorliegende entweder ergänzen oder auf dieser aufbauen:

Neben einer weiterführenden Diskussion der Störungstheorie und ihrer Anwendung in den Strahlungskorrekturen ist beispielsweise die Renormierung der Quantenelektrodynamik ein Themenfeld, welches inhaltlich an den Schlussteil dieser Masterarbeit anknüpfen würde.

Einen ganz anderen Ansatz hin zur Quantenelektrodynamik bietet das Propagatorverfahren.[5] Dieses geht auf Feynman [1949a] und Stückelberg u. Rivier [1950][6] zurück und startet, anders als die quantenfeldtheoretische Vorgehensweise, nicht bei den Feldgleichungen, die quantisiert werden, sondern bei den Propagatoren, die Übergangsamplituden zwischen zwei Zuständen beschreiben und als Einstieg in die Beschreibung von Streuprozessen liefern [vgl. Greiner u. Reinhardt, 1995, S. 1f.]. Ein solcher Einstieg in das Thema wäre für eine anwendungsorientiertere Untersuchung des Themas geeignet.

Innerhalb der Quantenfeldtheorie ist außerdem der auf Feynman [1948b] zurückgehende Pfadintegralformalismus[7] zu nennen, der zur kanonischen Formulierung äquivalent, in Bereichen nicht-Abel'scher Eichtheorien jedoch einfacher zu handhaben ist [vgl. Mandl u. Shaw, 2010, S. 276]. Damit zusammenhängend wäre eine weiterführende Diskussion von Eichtheorien denkbar, die beispielsweise Entwicklung und Aufbau des Standardmodells der Elementarteilchenphysik reflektieren könnte.

Es bestehen sogar Bezüge zur aktuellen Forschungsfragen der theoretischen Physik: Während in der vorliegenden Abhandlung lediglich die Vereinigung der speziellen Relativitätstheorie mit der Quantentheorie behandelt wurde, ist die Quantengravitation, also eine Vereinigung zwischen Quantentheorie und Allgemeiner Relativitätstheorie, auch über 100 Jahre nach Planck und Einstein eine ungelöste Aufgabe der theoretischen Physik. Einen kurzen Überblick hierzu liefert beispielsweise Ashtekar [2005], ausführlicher sind dagegen etwa Reuter u. Saueressig [2012]. Zudem wurde in Abschnitt 2.4 das magnetische Moment des

---

[5] Für diese Herangehensweise an die Quantenelektrodynamik siehe etwa Greiner u. Reinhardt [1995].

[6] Bedauerlicherweise werden Band und Erscheinungsjahr dieses Artikels bei Greiner u. Reinhardt [vgl. 1995, S. 55] und anderen Autoren falsch zitiert.

[7] Siehe beispielsweise Ryder [2005, Kap. 5ff.], Mandl u. Shaw [2010, Kap. 13], Greiner u. Reinhardt [1993, Kap. 11f.] oder Radau [2013].

Elektrons näherungsweise bestimmt. Bei der Messung des anomalen magnetischen Moments des Myons sind Abweichungen zum theoretischen Wert von 3-4 Standardabweichungen aufgetreten [vgl. Bennett u. a., 2006 und Blum u. a., 2013]. Eine mögliche Erklärung hierfür könnte jenseits des Standardmodells in der Existenz eines massiven, aber leichten $U(1)$-Eichbosons liegen [Merkel u. a., 2014].

A Längere Rechnungen und Beweise

A.1 Kapitel 1

A.1.1 Herleitung der Schrödinger-Gleichung

Den Ausgangspunkt der Überlegungen bildet die aus der klassischen Mechanik als bekannt vorausgesetzte Hamilton-Funktion eines freien Teilchens. Diese lautet

$$H = \frac{\vec{p}^2}{2m}.$$
(A.1)

Nach de Broglie hat dieses Teilchen Impuls $\vec{p} = \hbar\vec{k}$ und Energie $E = H = \hbar\omega$. Seine Wellenfunktion kann als ebene Welle dargestellt werden, also $\Psi \sim e^{i(\vec{k}\cdot\vec{x}-\omega t)}$. Darauf aufbauend kann man die sogenannte „erste Quantisierung"[1] als die Einführung von denjenigen Operatoren betrachten, welche die Eigenwerte $\vec{p}$ und E bei der Anwendung auf die Wellenfunktion Ψ reproduzieren. Aus dem Argument der Exponentialfunktion lassen sich dann folgende Ersetzungsregeln ableiten [vgl. Weinberg, 2005, S. 6]:

$$H \rightarrow i\hbar\frac{\partial}{\partial t} =: \hat{H},$$
(A.2a)

$$\vec{p} \rightarrow \frac{\hbar}{i}\vec{\nabla} =: \hat{p}.$$
(A.2b)

---

[1] Diese Bezeichnung hat rein historische Gründe und ist aus physikalischer Sicht missverständlich. Siehe hierzu Zeh [2003] und die Diskussion zu Beginn von Kapitel 4.

Durch die Ersetzungsregeln (A.2) wird Gleichung (A.1) zu

$$H\Psi = \frac{1}{2m}\hat{p}^{\,2}\Psi^{2)} \tag{A.3}$$

$$\Rightarrow i\hbar\frac{\partial\Psi}{\partial t} = -\frac{\hbar^2}{2m}\Delta\Psi. \tag{A.4}$$

Dies ist die freie Schrödinger-Gleichung. Sie besitzt jedoch den Makel nicht relativistisch zu sein, wie man schon daran erkennt, dass sie nur eine Zeitableitung erster Ordnung, aber Ortsableitungen zweiter Ordnung enthält. Die notwendige Symmetrie zwischen Orts- und Zeitkoordinaten ist damit nicht gegeben [vgl. Bjorken u. Drell, 1998, S. 15].

A.1.2 Herleitung der Klein-Gordon-Gleichung

Ein sinnvoller erster Schritt auf der Suche nach einer Theorie, die den Gesetzen der speziellen Relativitätstheorie genügen soll, ist die Verwendung kontravarianter Vierervektoren, mit denen im Folgenden gearbeitet wird: $x = (x^\mu) = (x^0, ..., x^3) = (ct, \vec{x})$ und $p = (p^\mu) = \left(\dfrac{E}{c}, \vec{p}\right)$.

Weil das Normquadrat des Viererimpulses invariant unter Lorentz-Transformationen ist und die Gesamtenergie E eines Teilchens in seinem Ruhesystem seiner Ruheenergie entspricht, muss diese gleich der invarianten Länge des Viererimpulses sein. Dies führt, unter Benutzung der Einstein'schen Summenkonvention, zur relativistischen Energie-Impuls-Beziehung:

$$p_\mu p^\mu = \frac{E^2}{c^2} - \vec{p}^{\,2} = m^2 c^2. \tag{A.5}$$

Da E Eigenwert des Hamiltonoperators eines freien Teilchens ist, legt dies die folgende Operatorgleichung nahe:

$$H^2 = \vec{p}^{\,2}c^2 + m^2 c^4.$$

[2)] Im Folgenden wird, wie auch im Rest dieser Arbeit, das Symbol ,ˆ' als Markierung von Operatoren aus Gründen der Übersichtlichkeit unterdrückt.

Über die Ersetzungsregeln (A.2) erhält man

$$-\hbar^2 \frac{\partial^2}{\partial t^2} \Psi = \left(-\hbar^2 c^2 \Delta + m^2 c^4\right) \Psi$$

$$\Leftrightarrow \left[\frac{\partial^2}{\partial (ct)^2} - \Delta + \left(\frac{mc}{\hbar}\right)^2\right] \Psi = 0$$

$$\Leftrightarrow \left[\Box + \left(\frac{mc}{\hbar}\right)^2\right] \Psi = 0 \tag{1.2}$$

[vgl. Bjorken u. Drell, 1998, S. 15f. und Weinberg, 2005, S. 4f.].

A.2 Kapitel 2

A.2.1 Herleitung des Spinoperators und der Vertauschungsrelationen der Pauli-Matrizen

Mit dem Ansatz, dass der Gesamtdrehimpuls $\vec{J} = \vec{L} + \vec{S}$ mit Bahndrehimpulsoperator $\vec{L} = \vec{x} \times \vec{p}$ und Spinoperator $\vec{S}$ eine Erhaltungsgröße sein soll, dass also

$$[H, \vec{J}] = 0$$

gilt, berechnet man zunächst $[H, \vec{L}]$ und sucht einen Operator $\vec{S}$ mit $[H, \vec{L} + \vec{S}] = 0 \Leftrightarrow [H, \vec{S}] = -[H, \vec{L}]$:

$$
\begin{aligned}
[H, \vec{L}] &= [c\alpha_j p_j + mc^2\beta, \vec{x} \times \vec{p}] \\
&= [c\alpha_j p_j, \vec{x} \times \vec{p}] + \underbrace{[mc^2\beta, \vec{x} \times \vec{p}]}_{=0} \\
&= \epsilon_{klm}\big(x_k \underbrace{[c\alpha_j p_j, p_l]}_{=0} + [c\alpha_j p_j, x_k]\, p_l\big)\hat{e}_m \\
&= c\epsilon_{klm}\alpha_j\, [p_j, x_k]\, p_l \hat{e}_m \\
&= -i\hbar c\epsilon_{klm}\alpha_j \underbrace{[\partial_j, x_k]}_{\delta_{jk}} p_l \hat{e}_m \\
&= -i\hbar c\epsilon_{klm}\alpha_k p_l \hat{e}_m. \tag{2.33}
\end{aligned}
$$

Die Produkte und Vertauschungsrelationen der σ_j lauten

$$\sigma_1^2 = \sigma_2^2 = \sigma_3^2 = \mathbb{1},$$

$$[\sigma_1, \sigma_2] = \underbrace{\begin{pmatrix} 0 & 1 \\ 1 & 0 \end{pmatrix} \begin{pmatrix} 0 & -i \\ i & 0 \end{pmatrix}}_{=i\sigma_3} - \underbrace{\begin{pmatrix} 0 & -i \\ i & 0 \end{pmatrix} \begin{pmatrix} 0 & 1 \\ 1 & 0 \end{pmatrix}}_{=-i\sigma_3} = 2i\sigma_3,$$

$$[\sigma_2, \sigma_3] = \underbrace{\begin{pmatrix} 0 & -i \\ i & 0 \end{pmatrix} \begin{pmatrix} 1 & 0 \\ 0 & -1 \end{pmatrix}}_{=i\sigma_1} - \underbrace{\begin{pmatrix} 1 & 0 \\ 0 & -1 \end{pmatrix} \begin{pmatrix} 0 & -i \\ i & 0 \end{pmatrix}}_{=-i\sigma_1} = 2i\sigma_1,$$

$$[\sigma_3, \sigma_1] = \underbrace{\begin{pmatrix} 1 & 0 \\ 0 & -1 \end{pmatrix} \begin{pmatrix} 0 & 1 \\ 1 & 0 \end{pmatrix}}_{=i\sigma_2} - \underbrace{\begin{pmatrix} 0 & 1 \\ 1 & 0 \end{pmatrix} \begin{pmatrix} 1 & 0 \\ 0 & -1 \end{pmatrix}}_{=-i\sigma_2} = 2i\sigma_2$$

und lassen sich durch

$$\sigma_j \sigma_k = \delta_{jk}\mathbb{1} + i\epsilon_{jkl}\sigma_l \qquad \text{sowie} \qquad [\sigma_j, \sigma_k] = 2i\epsilon_{jkl}\sigma_l \qquad \text{(A.6)}$$

zusammenfassen. Zusammen mit dem Aufbau der α_i aus den Pauli-Matrizen geben diese Relationen den entscheidenden Hinweis, $\Sigma_k = \begin{pmatrix} \sigma_k & 0 \\ 0 & \sigma_k \end{pmatrix}$ für $k \in \{1, 2, 3\}$ zu betrachten, also die vierdimensionale Fortsetzung der zweidimensionalen Pauli-Matrizen. Deren Kommutator mit H ergibt:

$$\begin{aligned} [H, \Sigma_l] &= [c\alpha_k p_k + mc^2\beta, \Sigma_l] \\ &= [c\alpha_k p_k, \Sigma_l] + \underbrace{[mc^2\beta, \Sigma_l]}_{=0} \\ &= c\alpha_k \underbrace{[p_k, \Sigma_l]}_{=0} + c[\alpha_k, \Sigma_l] p_k \\ &= c\left[\begin{pmatrix} 0 & \sigma_k \\ \sigma_k & 0 \end{pmatrix}, \begin{pmatrix} \sigma_l & 0 \\ 0 & \sigma_l \end{pmatrix}\right] p_k \\ &\overset{(A.6)}{=} c\begin{pmatrix} 0 & [\sigma_k, \sigma_l] \\ [\sigma_k, \sigma_l] & 0 \end{pmatrix} p_k \\ &= 2ic\epsilon_{jkl}\alpha_j p_k. \end{aligned} \qquad \text{(2.34)}$$

Beim Vergleich von (2.33) und (2.34) sieht man schließlich, dass $[H, \vec{L} + \frac{\hbar}{2}\vec{\Sigma}] = 0$, dass also $\vec{J} = \vec{L} + \frac{\hbar}{2}\vec{\Sigma}$ eine sinnvolle Wahl für den Gesamtdrehimpulsoperator und

$$S_k := \frac{\hbar}{2}\Sigma_k = \frac{\hbar}{2}\begin{pmatrix} \sigma_k & 0 \\ 0 & \sigma_k \end{pmatrix} \qquad \text{für } k \in \{1,2,3\} \qquad (2.35)$$

demnach ein Kandidat für den Spinoperator ist [vgl. Stepanow, 2010, S. 17].

A.2.2 Orthonormalitäts- und Vollständigkeitsrelationen

Die Orthonormalitätsrelationen der Spinor-Amplituden lauten

$$\overline{u}^{(\lambda)}(p)u^{(\lambda')}(p)$$

$$= u^{(\lambda)\dagger}(mc^2,0)\gamma^0\frac{(c\not{p}+mc^2\mathbb{1})^2}{2mc^2(E_p+mc^2)}u^{(\lambda)}(mc^2,0)$$

$$= u^{(\lambda)\dagger}(mc^2,0)\gamma^0\frac{c^2\not{p}^2+m^2c^4\mathbb{1}+2c\not{p}mc^2}{2mc^2(E_p+mc^2)}u^{(\lambda)}(mc^2,0)$$

$$= u^{(\lambda)\dagger}(mc^2,0)\gamma^0\frac{2mc^2\left(mc^2\mathbb{1}+c\gamma^0p_0+\gamma^jp_j\right)}{2mc^2(E_p+mc^2)}u^{(\lambda)}(mc^2,0)$$

$$= u^{(\lambda)\dagger}(mc^2,0)\gamma^0\frac{mc^2\mathbb{1}+c\gamma^0p_0}{E_p+mc^2}u^{(\lambda)}(mc^2,0)$$

$$\quad - \frac{1}{E_p+mc^2}\underbrace{u^{(\lambda)\dagger}(mc^2,0)\vec{\alpha}\cdot\vec{p}u^{(\lambda)}(mc^2,0)}_{=0}$$

$$= \delta_{\lambda\lambda'} \qquad (2.55c)$$

und analog

$$\overline{v}^{(\lambda)}(p)v^{(\lambda')}(p) = -\delta_{\lambda\lambda'}, \qquad (2.55b)$$

wobei das obige Vorzeichen von den positiven beziehungsweise negativen Einträgen in γ^0 herrührt. Wegen $\not{p}^2 = \gamma^\mu p_\mu \gamma^\nu p_\nu = p_\mu p_\nu g^{\mu\nu}$ [vgl. Gl. (2.13)] gilt weiterhin

$$
\overline{u}^{(\lambda)}(p)v^{(\lambda')}(p)
$$

$$
= u^{(\lambda)\dagger}(mc^2,0)\gamma^0 \frac{m^2c^4\mathbb{1} - c^2\not{p}^2}{2mc^2(E_p + mc^2)}v^{(\lambda)}(mc^2,0)
$$

$$
= u^{(\lambda)\dagger}(mc^2,0)\gamma^0 \frac{m^2c^4\mathbb{1} - c^2p^2\mathbb{1}}{2mc^2(E_p + mc^2)}v^{(\lambda)}(mc^2,0)
$$

$$
= 0, \tag{2.55c}
$$

$$
\overline{v}^{(\lambda)}(p)u^{(\lambda')}(p) = 0 \tag{2.55d}
$$

[vgl. Schwabl, 2005, S. 150f.].

Die Orthogonalität entgegengesetzt-energetischer Lösungen mit gleichen Impulsen kann durch folgende Rechnung bewiesen werden:

$$
v^{(\lambda)\dagger}\left(\frac{E_p}{c}, -\vec{p}\right)u^{(\lambda')}(p)
$$

$$
= \frac{2}{2}\left(v^{(\lambda)\dagger}\left(\frac{E_p}{c}, -\vec{p}\right)u^{(\lambda')}(p)\right)
$$

$$
\overset{(2.56)}{=} \frac{1}{2}\left(\left(-c\frac{\gamma^0 p_0 + \gamma^k(-p_k)}{mc^2}v^{(\lambda)}\left(\frac{E_p}{c}, -\vec{p}\right)\right)^\dagger u^{(\lambda')}(p)\right.
$$

$$
\left. + v^{(\lambda)\dagger}\left(\frac{E_p}{c}, -\vec{p}\right)\frac{c\not{p}}{mc^2}u^{(\lambda')}(p)\right)
$$

$$
= \frac{1}{2}\left(- v^{(\lambda)\dagger}\left(\frac{E_p}{c}, -\vec{p}\right)\frac{\gamma^0 p_0 - \gamma^{k\dagger}p_k}{mc^2}u^{(\lambda')}(p)\right.
$$

$$
\left. + v^{(\lambda)\dagger}\left(\frac{E_p}{c}, -\vec{p}\right)\frac{c\not{p}}{mc^2}u^{(\lambda')}(p)\right)
$$

$$
\overset{(2.15)}{=} \frac{1}{2}v^{(\lambda)\dagger}\left(\frac{E_p}{c}, -\vec{p}\right)\left(-\frac{\not{p}}{mc} + \frac{c\not{p}}{mc^2}\right)u^{(\lambda')}(p)
$$

$$
= 0. \tag{2.57a}
$$

Eine vollkommen analoge Rechnung ergibt

$$u^{(\lambda)\dagger}\left(\frac{E_p}{c}, \vec{p}\right) v^{(\lambda')}\left(\frac{E_p}{c}, -\vec{p}\right) = 0. \qquad (2.57\text{b})$$

Hieraus folgt direkt die Orthogonalität positiv- und negativ-energetischer Lösungen mit gleichen Impulsen [vgl. Gross, 1999, S. 125 und Itzykson u. Zuber, 2005, S. 58].

Die Vollständigkeitsrelation lautet

$$\sum_\lambda \left(\Psi_{p,\lambda}^{(+)}\overline{\Psi}_{p,\lambda}^{(+)} - \Psi_{p,\lambda}^{(-)}\overline{\Psi}_{p,\lambda}^{(-)}\right){}^{3)} \qquad (\text{A.7})$$

$$= \sum_\lambda \left(u^{(\lambda)}(p)\overline{u}^{(\lambda)}(p) - v^{(\lambda)}(p)\overline{v}^{(\lambda)}(p)\right)$$

$$= \frac{c\slashed{p} + mc^2 \mathbb{1}}{2mc^2\left(E_p + mc^2\right)} \sum_\lambda \begin{pmatrix} \phi^{(\lambda)}\phi^{\dagger(\lambda)} & 0 \\ 0 & 0 \end{pmatrix} \gamma^0 \left(c\slashed{p} + mc^2\mathbb{1}\right)$$

$$- \frac{-c\slashed{p} + mc^2\mathbb{1}}{2mc^2\left(E_p + mc^2\right)} \sum_\lambda \begin{pmatrix} 0 & 0 \\ 0 & \psi^{(\lambda)}\psi^{\dagger(\lambda)} \end{pmatrix} \gamma^0 \left(-c\slashed{p} + mc^2\mathbb{1}\right)$$

$$= \frac{c\slashed{p} + mc^2\mathbb{1}}{2mc^2\left(E_p + mc^2\right)} \frac{1 + \gamma^0}{2} \left(c\slashed{p} + mc^2\mathbb{1}\right)$$

$$- \frac{-c\slashed{p} + mc^2\mathbb{1}}{2mc^2\left(E_p + mc^2\right)} \frac{\gamma^0 - 1}{2} \left(-c\slashed{p} + mc^2\mathbb{1}\right)$$

$$= \frac{\left(c\slashed{p} + mc^2\mathbb{1}\right)^2 + \left(c\slashed{p} + mc^2\mathbb{1}\right)\gamma^0\left(c\slashed{p} + mc^2\mathbb{1}\right)}{4mc^2\left(E_p + mc^2\right)}$$

$$- \frac{\left(-c\slashed{p} + mc^2\mathbb{1}\right)\gamma^0\left(-c\slashed{p} + mc^2\mathbb{1}\right) - \left(-c\slashed{p} + mc^2\mathbb{1}\right)^2}{4mc^2\left(E_p + mc^2\right)}$$

$$= \frac{2m^2c^4\mathbb{1} + 2c\slashed{p}mc^2 + 2E_p\left(c\slashed{p} + mc^2\mathbb{1}\right)}{4mc^2\left(E_p + mc^2\right)} \qquad (\text{A.8})$$

$$- \frac{-2E_p\left(-c\slashed{p} + mc^2\mathbb{1}\right) - \left(2m^2c^4\mathbb{1} - 2c\slashed{p}mc^2\right)}{4mc^2\left(E_p + mc^2\right)}$$

$$= \frac{2\left(mc^2\mathbb{1} + c\slashed{p}\right)\left(mc^2\mathbb{1} + E_p\right)}{4mc^2\left(E_p + mc^2\right)} - \frac{-2\left(E_p + mc^2\mathbb{1}\right)\left(mc^2\mathbb{1} - c\slashed{p}\right)}{4mc^2\left(E_p + mc^2\right)}$$

$$= \underbrace{\frac{c\slashed{p} + mc^2 \mathbb{1}}{2mc^2}}_{=:\Lambda_+} + \underbrace{\frac{-c\slashed{p} + mc^2 \mathbb{1}}{2mc^2}}_{=:\Lambda_-} = \mathbb{1}. \tag{2.58}$$

Dabei wurde für Gleichung (A.8) benutzt, dass

$$\left(\pm c\slashed{p} + mc^2 \mathbb{1}\right) \gamma^0 \left(\pm c\slashed{p} + mc^2 \mathbb{1}\right)$$
$$= \left(\pm c\slashed{p}\gamma^0 + mc^2\gamma^0\right)\left(\pm c\slashed{p} + mc^2 \mathbb{1}\right)$$
$$= \left(\pm E_p \mp \gamma^0\gamma^k p_k + \gamma^0 mc^2 \mathbb{1}\right)\left(\pm c\slashed{p} + mc^2 \mathbb{1}\right)$$
$$= \pm 2E_p \left(\pm c\slashed{p} + mc^2 \mathbb{1}\right)$$

und

$$\left(\pm c\slashed{p} + mc^2 \mathbb{1}\right)^2 = c^2\slashed{p}^2 + m^2c^4\mathbb{1} \pm 2c\slashed{p}mc^2 = 2m^2c^4\mathbb{1} \pm 2c\slashed{p}mc^2$$

[vgl. Itzykson u. Zuber, 2005, S. 57].

A.2.3 Ableitung der Pauli-Gleichung aus der Dirac-Gleichung

Wie in Abschnitt 2.4 gezeigt wurde, führt die Dirac-Gleichung in ihrem nichtrelativistischen Grenzfall auf

$$E\varphi = \left(\frac{((cp_j - qA_j)\,\sigma_j)^2}{2mc^2} + q\Phi\right)\varphi + mc^2\varphi$$
$$\Leftrightarrow W\varphi = \left(\frac{\pi_j\sigma_j\pi_k\sigma_k}{2m} + q\Phi\right)\varphi \tag{2.67}$$

mit $E = W + mc^2$ und $\vec{\pi} := \vec{p} - \frac{q}{c}\vec{A}$ [vgl. Ryder, 2005, S. 54]. Durch die Beziehungen (A.6) lässt sich Gleichung (2.67) weiter vereinfachen, denn

$$\left(p_j - \frac{q}{c}A_j\right)\sigma_j\left(p_k - \frac{q}{c}A_k\right)\sigma_k \tag{A.9}$$
$$= \sigma_j\sigma_k\left(p_jp_k - \frac{q}{c}\left(p_jA_k + A_jp_k\right) + \frac{q^2}{c^2}A_jA_k\right)$$

---

[3] Das Produkt aus einer $(m \times 1)$-Spaltenmatrix und einer $(1 \times n)$-Zeilenmatrix ergibt eine $(m \times n)$-Matrix. Dieses Produkt wird in der Literatur stellenweise als direktes Produkt bezeichnet und mit $\otimes$ notiert [vgl. Itzykson u. Zuber, 2005, S. 57].

$$= (\delta_{jk} + i\epsilon_{jkl}\sigma_l)\left(p_j p_k - \frac{q}{c}(p_j A_k + A_j p_k) + \frac{q^2}{c^2}A_j A_k\right)$$

$$= |\vec{\pi}|^2 - i\frac{q}{c}\epsilon_{jkl}(p_j A_k + A_j p_k)\sigma_l$$

$$= |\vec{\pi}|^2 - \frac{q\hbar}{c}\left(\vec{\nabla}\times\vec{A} + \vec{A}\times\vec{\nabla}\right)_j \sigma_j. \qquad (A.10)$$

Für eine differenzierbare Funktion ξ gilt zudem die ‚Produktregel'

$$\vec{\nabla}\times\left(\vec{A}\xi\right) = \left(\vec{\nabla}\times\vec{A}\right)\xi + \left(\vec{\nabla}\xi\right)\times\vec{A}$$

$$\Leftrightarrow \left(\vec{\nabla}\times\vec{A}\right)\xi = \vec{\nabla}\times\left(\vec{A}\xi\right) - \left(\vec{\nabla}\xi\right)\times\vec{A}$$

$$= \vec{\nabla}\times\left(\vec{A}\xi\right) + \vec{A}\times\left(\vec{\nabla}\xi\right)$$

$$= \left(\vec{\nabla}\times\vec{A} + \vec{A}\times\vec{\nabla}\right)\xi.$$

Damit wird (A.10) zu

$$\left(p_j - \frac{q}{c}A_j\right)\sigma_j\left(p_k - \frac{q}{c}A_k\right)\sigma_k = |\vec{\pi}|^2 - \frac{q\hbar}{c}\left(\vec{\nabla}\times\vec{A}\right)_l\sigma_l,$$

wodurch (2.67) zur Pauli-Gleichung wird:

$$i\hbar\frac{\partial\varphi}{\partial t} = \left(\frac{1}{2m}\left(\vec{p} - \frac{q}{c}\vec{A}\right)^2 - \frac{q}{mc}\frac{\hbar}{2}\vec{\sigma}\cdot\vec{B} + q\Phi\right)\varphi \qquad (2.68)$$

[vgl. Schwabl, 2005, S. 128].

A.3 Kapitel 3

A.3.1 Anwendung des Hamilton'sche Prinzips auf das elektromagnetische Feld

Das Hamilton'sche Prinzip liefert

$$
\begin{aligned}
0 &= \int_{t_1}^{t_2} d^4x (\partial_\nu F^{\mu\nu}) \delta A_\mu(x) \\
&= \int_{t_1}^{t_2} d^4x \partial_\nu (F^{\mu\nu} \delta A_\mu(x)) - \int_{t_1}^{t_2} d^4x F^{\mu\nu} \underbrace{\partial_\nu (\delta A_\mu)}_{=\delta(\partial_\nu A_\mu)} \\
&= \underbrace{\int d^3x \int_{t_1}^{t_2} dx^0 \partial_0 (F^{\mu 0} \delta A_\mu(x))}_{\overset{(*)}{=} \int d^3x [F^{\mu 0} \delta A_\mu(x)]_{t_1}^{t_2} = 0} + \underbrace{\int_{t_1}^{t_2} dx^0 \int d^3x \partial_i (F^{\mu i} \delta A_\mu(x))}_{\overset{(**)}{=} 0} \\
&\quad - \int_{t_1}^{t_2} d^4x F^{\mu\nu} \delta(\partial_\nu A_\mu) \\
&= -\frac{1}{2} \int_{t_1}^{t_2} d^4x \bigg(\partial^\nu A^\mu \delta(\partial_\nu A_\mu) + \underbrace{\partial^\nu A^\mu \delta(\partial_\nu A_\mu)}_{=\partial^\mu A^\nu \delta(\partial_\mu A_\nu)} \\
&\qquad\qquad\qquad - \partial^\nu A^\mu \delta(\partial_\mu A_\nu) - \underbrace{\partial^\nu A^\mu \delta(\partial_\mu A_\nu)}_{\partial^\mu A^\nu \delta(\partial_\nu A_\mu)} \bigg) \\
&= -\frac{1}{2} \int_{t_1}^{t_2} d^4x F^{\mu\nu} \delta F_{\mu\nu} \\
&= -\frac{1}{4} \delta \left(\int_{t_1}^{t_2} d^4x F^{\mu\nu} F_{\mu\nu} \right).
\end{aligned}
$$

(3.7)

Für $(*)$ wurde benutzt, dass $\delta A_\mu(x)$ bei t_1 und t_2 verschwindet, während bei $(**)$ der Gauß'sche Integralsatz einfließt.

A.3.2 Umgekehrte Entwicklung des Strahlungsfeldes

Um die Entwicklung (3.18) nach den Entwicklungskoeffizienten $a^{(\lambda)}$ und $a^{(\lambda)\dagger}$ umzustellen, sind die Definition $a \overset{\leftrightarrow}{\partial_t} b := a\dfrac{\partial b}{\partial t} - b\dfrac{\partial a}{\partial t}$ und die folgenden Nebenrechnungen hilfreich:

$$\dot{\vec{A}}(x) = \int \frac{d^3k}{(2\pi)^3 2\hbar\omega(\vec{k})} \sum_{\lambda=1}^{2} \vec{\epsilon}^{(\lambda)}(k)\big(\; a^{(\lambda)}(k)(-i\omega(\vec{k}))e^{-ik\cdot x}, \qquad (3.19)$$
$$+a^{(\lambda)\dagger}(k)(i\omega(\vec{k}))e^{ik\cdot x}\big)$$

wie man mit Gleichung (3.18) leicht nachrechnen kann. Weiterhin gilt:

$$i\int d^3x \left(e^{ik\cdot x}\overset{\leftrightarrow}{\partial_t} e^{-ik'\cdot x}\right) = i\int d^3x\big(\; e^{ik\cdot x}(-i\omega(\vec{k}'))e^{-ik'\cdot x}$$
$$-e^{-ik'\cdot x}(i\omega(\vec{k}))e^{ik\cdot x}\big)$$
$$= 1\int d^3x(\omega(\vec{k}') + \omega(\vec{k}))e^{i(k-k')\cdot x}$$
$$\overset{(3.14)}{=} (2\pi)^3 2\omega(\vec{k})\delta^3(\vec{k} - \vec{k}'), \qquad (3.20)$$
$$i\int d^3x \left(e^{-ik\cdot x}\overset{\leftrightarrow}{\partial_t} e^{-ik'\cdot x}\right) = 1\int d^3x(\omega(\vec{k}') - \omega(\vec{k}))e^{i(-k-k')\cdot x}$$
$$= (2\pi)^3 (\underbrace{\omega(-\vec{k})}_{=\omega(\vec{k})} - \omega(\vec{k}))\delta^3(\vec{k} + \vec{k}') = 0.$$
$$\tag{3.21}$$

Hiermit gerüstet, lassen sich die ,Entwicklungskoeffizienten' $a^{(\lambda)}(k)$ und $a^{(\lambda)\dagger}(k)$, die durch die Quantisierung zu Operatoren geworden sind, durch $\vec{A}$ ausdrücken. Man betrachte hierzu[4]

$$i\hbar\int d^3x e^{ik\cdot x}\overset{\leftrightarrow}{\partial_t}\vec{\epsilon}^{(\lambda)}(k)\cdot\vec{A}(x)$$
$$= i\hbar\int d^3x\vec{\epsilon}^{(\lambda)}(k)\cdot\left(e^{ik\cdot x}\dot{\vec{A}}(x) - \vec{A}(x)(i\omega)e^{ik\cdot x}\right)$$

---

[4] Zur besseren Übersicht werden im Folgenden die Konventionen $\omega := \omega(\vec{k})$ und $\omega' := \omega(\vec{k}')$ verwendet.

$$
\begin{aligned}
= \quad & i\hbar \int d^3x \int \frac{d^3k'}{(2\pi)^3 2\hbar\omega'} e^{ik\cdot x} \Big(\ a^{(\lambda)}(k')(-i\omega')e^{-ik'\cdot x} \\
& \hspace{4cm} + a^{(\lambda)\dagger}(k')(i\omega')e^{ik'\cdot x} \Big) \\
- & i\hbar \int d^3x \int \frac{d^3k'}{(2\pi)^3 2\hbar\omega'} e^{ik\cdot x} \Big(\ a^{(\lambda)}(k')(i\omega)e^{-ik'\cdot x} \\
& \hspace{4cm} + a^{(\lambda)\dagger}(k')(i\omega)e^{ik'\cdot x} \Big) \\
= & \int d^3x \int \frac{d^3k'}{(2\pi)^3 2\omega'} \Big(\ e^{ik\cdot x} a^{(\lambda)}(k')e^{-ik'\cdot x}(\omega'+\omega) \\
& \hspace{3cm} + e^{ik\cdot x} a^{(\lambda)\dagger}(k')e^{ik'\cdot x}(-\omega'+\omega) \Big) \\
= & \int \frac{d^3k'}{(2\pi)^3 2\omega'} \Big(\ a^{(\lambda)}(k') \underbrace{\int d^3x(\omega'+\omega)e^{i(k-k')\cdot x}}_{\stackrel{(3.20)}{=}(2\pi)^3 2\omega' \delta^3(\vec{k}'-\vec{k})} \\
& \hspace{2cm} + a^{(\lambda)\dagger}(k') \underbrace{\int d^3x(-\omega'+\omega)e^{i(k+k')\cdot x}}_{\stackrel{(3.21)}{=}0} \Big) \\
= & \ a^{(\lambda)}(k). \hspace{6cm} (3.22)
\end{aligned}
$$

Entweder durch Adjungieren oder eine vollkommen analoge Rechnung erhält man hieraus

$$
a^{(\lambda)\dagger}(k) = -i\hbar \int d^3x\, e^{-ik\cdot x} \overleftrightarrow{\partial_t}\, \vec{\epsilon}^{\,(\lambda)}(k) \cdot \vec{A}(x). \hspace{2cm} (3.23)
$$

A.3.3 Vertauschungsrelationen der Erzeugungs- und Vernichtungsoperatoren des kanonisch quantisierten Maxwell-Feldes

Die Vertauschungsrelationen der sogenannten Erzeugungs- und Vernichtungsoperatoren erhält man durch Einsetzen der Ausdrücke (3.22) und

(3.23). Das Ergebnis lässt sich dann mit Hilfe von (3.13a), (3.13b) und (3.15) vereinfachen:

$$\left[a^{(\lambda)}(k), a^{(\lambda')\dagger}(k') \right]$$

$$= -\hbar^2 \int d^3x d^3x' \left[e^{ik\cdot x} \vec{\epsilon}^{(\lambda)}(k) \cdot \left(\dot{\vec{A}}(x) - i\omega \vec{A}(x) \right), \right.$$

$$\left. - e^{-ik'\cdot x'} \vec{\epsilon}^{(\lambda')}(k') \cdot \left(\dot{\vec{A}}(x') + i\omega' \vec{A}(x') \right) \right]$$

$$= -\hbar^2 \int d^3x d^3x' e^{i(k\cdot x - k'\cdot x')} \left[\vec{\epsilon}^{(\lambda')}(k') \cdot \left(\dot{\vec{A}}(x') + i\omega' \vec{A}(x') \right), \right.$$

$$\left. \vec{\epsilon}^{(\lambda)}(k) \cdot \left(\dot{\vec{A}}(x) - i\omega \vec{A}(x) \right) \right]$$

$$= -\hbar^2 \int d^3x d^3x' e^{i(k\cdot x - k'\cdot x')} \bigg(\underbrace{\left[\vec{\epsilon}^{(\lambda')}(k') \cdot \dot{\vec{A}}(x'), \vec{\epsilon}^{(\lambda)}(k) \cdot \dot{\vec{A}}(x) \right]}_{=:(I)}$$

$$\underbrace{-i\omega \left[\vec{\epsilon}^{(\lambda')}(k') \cdot \dot{\vec{A}}(x'), \vec{\epsilon}^{(\lambda)}(k) \cdot \vec{A}(x) \right]}_{=:(II)}$$

$$\underbrace{+i\omega' \left[\vec{\epsilon}^{(\lambda')}(k') \cdot \vec{A}(x'), \vec{\epsilon}^{(\lambda)}(k) \cdot \dot{\vec{A}}(x) \right]}_{=:(III)}$$

$$\underbrace{+\omega\omega' \left[\vec{\epsilon}^{(\lambda')}(k') \cdot \vec{A}(x'), \vec{\epsilon}^{(\lambda)}(k) \cdot \vec{A}(x) \right]}_{=:(IV)} \bigg).$$

Da die Komponenten der Polarisationsvektoren Zahlen sind, die untereinander und mit den Vektorpotenzialen vertauschen, verkürzen sich die einzelnen Kommutatoren nun zu

$$(I) = \epsilon_j^{(\lambda')}(k') \epsilon_k^{(\lambda)}(k) \left[\dot{A}_j(x'), \dot{A}_k(x) \right] \stackrel{(3.13b)}{=} 0$$

und analog

$$(II) = \epsilon_j^{(\lambda)}(k) \epsilon_k^{(\lambda')}(k') [\dot{A}_k(x'), A_j(x)]$$

$$\stackrel{(3.15)}{=} -\epsilon_j^{(\lambda)}(k) \epsilon_k^{(\lambda')}(k') i\hbar c^2 \delta_{jk}^{tr}(\vec{x} - \vec{x}'),$$

$$(\text{III}) = \epsilon_j^{(\lambda')}(k')\epsilon_k^{(\lambda)}(k)[A_j(x'), \dot{A}_k(x)]$$

$$\overset{(3.15)}{=} \epsilon_j^{(\lambda')}(k')\epsilon_k^{(\lambda)}(k)i\hbar c^2 \delta_{jk}^{tr}(\vec{x} - \vec{x}'),$$

$$(\text{IV}) = \epsilon_j^{(\lambda')}(k')\epsilon_k^{(\lambda)}(k)\,[A_j(x'), A_k(x)] \overset{(3.13a)}{=} 0.$$

Hierbei wurde $x_0 = x_0'$ verwendet. Damit findet man

$$\left[a^{(\lambda)}(k), a^{(\lambda')\dagger}(k')\right]$$

$$= \hbar^3 c^2 \int d^3x d^3x' e^{i(k\cdot x - k'\cdot x')}(\omega + \omega')\epsilon_j^{(\lambda)}(k)\epsilon_k^{(\lambda')}(k')\delta_{jk}^{tr}(\vec{x} - \vec{x}')$$

$$= \hbar^3 c^2 \int d^3x e^{i(k-k')\cdot x}(\omega + \omega')\epsilon_j^{(\lambda)}(k)\epsilon_j^{(\lambda')}(k')$$

$$= 2\omega(\vec{k})(2\pi\hbar)^3 c^2 \delta_{\lambda\lambda'}\delta^3(\vec{k} - \vec{k}'). \tag{3.24a}$$

Nach dem gleichen Prinzip kann man auch zeigen, dass

$$\left[a^{(\lambda)}(k), a^{(\lambda')}(k')\right] = 0, \tag{3.24b}$$

$$\left[a^{(\lambda)\dagger}(k), a^{(\lambda')\dagger}(k')\right] = 0 \tag{3.24c}$$

[vgl. Ryder, 2005, S. 143f. und Bjorken u. Drell, 1967, S. 82f.].

A.3.4 Hamilton- und Impulsoperator des kanonisch quantisierten Maxwell-Feldes

Den Startpunkt zur Berechnung des Hamiltonoperators bildet Gleichung (3.25). Bevor man die einzelnen Größen einsetzt, sollte man $\mathscr{L}$ wie in (3.8b) durch Berücksichtigung der Coulomb-Eichung (3.9) vereinfachen:

$$
\begin{aligned}
\mathscr{L} &= -\frac{1}{4}(\partial_\nu A_\mu - \partial_\mu A_\nu)(\partial^\nu A^\mu - \partial^\mu A^\nu) \\
&= -\frac{1}{4}\Big[\ (\partial_0 A_\mu - \partial_\mu \underbrace{A_0}_{=0})(\partial^0 A^\mu - \partial^\mu \underbrace{A^0}_{=0}) \\
&\quad + (\partial_j \underbrace{A_0}_{=0} - \partial_0 A_j)(\partial^j \underbrace{A^0}_{=0} - \partial^0 A^j) \\
&\quad + (\partial_j A_k - \partial_k A_j)(\partial^j A^k - \partial^k A^j)\Big] \\
&= -\frac{1}{4}\left[2\partial_0 A_k \partial^0 A^k + 2\left(\vec{\nabla}\times\vec{A}\right)^2\right] \qquad\text{(A.11)}
\end{aligned}
$$

mit

$$
\begin{aligned}
\left(\vec{\nabla}\times\vec{A}\right)^2 &= \epsilon_{ijk}\epsilon_{imn}\partial_j A_k \partial_m A_n \\
&= (\delta_{jm}\delta_{kn} - \delta_{jn}\delta_{km})\,\partial_j A_k \partial_m A_n \\
&= \underbrace{(\partial_j A_k)(\partial_j A_k)}_{\partial_j(A_k\partial^j A^k) - A_k\partial_j\partial^j A^k} - \underbrace{(\partial_j A_k)(\partial_k A_j)}_{=\partial_j(A_k\partial_k A_j) - A_k\partial_k \underbrace{\partial_j A_j}_{=0}} \qquad\text{(A.12)}
\end{aligned}
$$

[vgl. Ryder, 2005, S. 144f.]. Also setzt man (A.12) in(A.11) ein und das wiederum zusammen mit (3.11b) in (3.25) und erhält

$$
\begin{aligned}
\tilde{\mathscr{H}}(x) &= \pi^k(x)\dot{A}_k(x) - \mathscr{L} \\
&= -\frac{1}{2}\left(\frac{1}{c^2}\dot{A}_j\dot{A}^j + \partial_j\left(A_k\left(\partial^j A^k - \partial^k A^j\right)\right) - A_k\partial_j\partial^j A^k\right).
\end{aligned}
$$

Integriert man nun diese Hamilton-Dichte, dann ist zu bedenken, dass das Integral einer totalen Ableitung verschwindet, sodass man für den Hamiltonoperator zunächst folgenden Ausdruck findet:

$$\tilde{H} = \frac{1}{2} \int d^3x \left(\frac{1}{c^2} \dot{\vec{A}}^2 - \vec{A} \cdot \Delta\vec{A} \right) \tag{A.13}$$

[vgl. Ryder, 2005, S. 145].
Hier setzt man nun die Entwicklung des Vektorpotenzials und seiner zeitlichen Ableitung, (3.18) und (3.19), ein:

$$
\begin{aligned}
\tilde{H} = \frac{1}{2} \quad & \int d^3x \int \frac{d^3k\, d^3k'}{(2\pi)^6 4\hbar^2 \omega\omega'} \\[1mm]
\times \Bigg[\quad & \sum_{\lambda=1}^{2} \vec{\epsilon}^{(\lambda)}(k) \frac{i\omega}{c} \left(a^{(\lambda)\dagger}(k) e^{ik\cdot x} - a^{(\lambda)}(k) e^{-ik\cdot x} \right) \\[1mm]
\times & \sum_{\lambda'=1}^{2} \vec{\epsilon}^{(\lambda')}(k') \frac{i\omega'}{c} \left(a^{(\lambda')\dagger}(k') e^{ik'\cdot x} - a^{(\lambda')}(k') e^{-ik'\cdot x} \right) \\[1mm]
+ & \sum_{\lambda=1}^{2} \vec{\epsilon}^{(\lambda)}(k) \left(a^{(\lambda)}(k) e^{-ik\cdot x} + a^{(\lambda)\dagger}(k) e^{ik\cdot x} \right) \\[1mm]
\times & \sum_{\lambda'=1}^{2} \vec{\epsilon}^{(\lambda')}(k') |\vec{k}'|^2 \left(a^{(\lambda)'}(k) e^{-ik'\cdot x} + a^{(\lambda')\dagger}(k') e^{ik'\cdot x} \right) \Bigg]
\end{aligned}
$$

$$
= -\frac{1}{2} \int d^3x \int \frac{d^3k d^3k'}{(2\pi)^6 4\hbar^2 \omega\omega'} \sum_{\lambda,\lambda'=1}^{2} \vec{\epsilon}^{(\lambda)}(k) \cdot \vec{\epsilon}^{(\lambda')}(k')
$$

$$
\times \Bigg[\quad \frac{\omega\omega'}{c^2} \Big(\quad a^{(\lambda)\dagger}(k) a^{(\lambda')\dagger}(k') e^{i(k+k')\cdot x}
$$
$$
+ a^{(\lambda)}(k) a^{(\lambda')}(k') e^{-i(k+k')\cdot x}
$$
$$
- a^{(\lambda)\dagger}(k) a^{(\lambda')}(k') e^{i(k-k')\cdot x}
$$
$$
- a^{(\lambda)}(k) a^{(\lambda')\dagger}(k') e^{i(k'-k)\cdot x} \Big)
$$
$$
- |\vec{k}'|^2 \Big(\quad a^{(\lambda)\dagger}(k) a^{(\lambda')\dagger}(k') e^{i(k+k')\cdot x}
$$
$$
+ a^{(\lambda)}(k) a^{(\lambda')}(k') e^{-i(k+k')\cdot x}
$$
$$
+ a^{(\lambda)\dagger}(k) a^{(\lambda')}(k') e^{i(k-k')\cdot x}
$$
$$
+ a^{(\lambda)}(k) a^{(\lambda')\dagger}(k') e^{i(k'-k)\cdot x} \Big) \Bigg].
$$

Vertauscht man nun die Reihenfolge der Integration, kann (3.14) zu Hilfe genommen werden, sodass die Integration über den Ortsraum verschwindet:

$$\tilde{H} = -\frac{1}{2} \int \frac{d^3k\, d^3k'}{(2\pi)^3 4\hbar^2 \omega\omega'} \sum_{\lambda,\lambda'=1}^{2} \vec{\epsilon}^{(\lambda)}(k) \cdot \vec{\epsilon}^{(\lambda')}(k')$$

$$\times \Bigg[\frac{\omega\omega'}{c^2} \Big(a^{(\lambda)\dagger}(k)a^{(\lambda')\dagger}(k')e^{i(\omega+\omega')t}\delta^3\left(\vec{k}+\vec{k}'\right)$$

$$+a^{(\lambda)}(k)a^{(\lambda')}(k')e^{-i(\omega+\omega')t}\delta^3\left(\vec{k}+\vec{k}'\right)$$

$$-a^{(\lambda)\dagger}(k)a^{(\lambda')}(k')e^{i(\omega-\omega')t}\delta^3\left(\vec{k}-\vec{k}'\right)$$

$$-a^{(\lambda)}(k)a^{(\lambda')\dagger}(k')e^{i(\omega'-\omega)t}\delta^3\left(\vec{k}'-\vec{k}\right) \Big)$$

$$-|\vec{k}'|^2 \Big(a^{(\lambda)\dagger}(k)a^{(\lambda')\dagger}(k')e^{i(\omega+\omega')t}\delta^3\left(\vec{k}+\vec{k}'\right)$$

$$+a^{(\lambda)}(k)a^{(\lambda')}(k')e^{-i(\omega+\omega')t}\delta^3\left(\vec{k}+\vec{k}'\right)$$

$$+a^{(\lambda)\dagger}(k)a^{(\lambda')}(k')e^{i(\omega-\omega')t}\delta^3\left(\vec{k}-\vec{k}'\right)$$

$$+a^{(\lambda)}(k)a^{(\lambda')\dagger}(k')e^{i(\omega'-\omega)t}\delta^3\left(\vec{k}'-\vec{k}\right) \Big) \Bigg].$$

Bei Ausführung der d^3k'-Integration wird $\vec{k}'$ je nach Argument der beistehenden δ-Distribution durch $\pm\vec{k}$ ersetzt.

Während für $\omega(\vec{k}) = \omega(-\vec{k})$ gilt, werden die Skalarprodukte der Polarisationsvektoren $\vec{\epsilon}^{(1,2)}(\pm k)$ dann mit Hilfe von (3.17) berechnet:

$$
\tilde{H} = -\frac{1}{2} \int \frac{d^3k}{(2\pi)^3 4\hbar^2\omega^2} \sum_{\lambda=1}^{2}
$$

$$
\times \Bigg[\ \frac{\omega^2}{c^2} \Big(-a^{(\lambda)\dagger}(k)a^{(\lambda)\dagger}(k_0,-\vec{k})e^{2i\omega t}
$$

$$
-a^{(\lambda)}(k)a^{(\lambda)}(k_0,-\vec{k})e^{-2i\omega t}
$$

$$
-a^{(\lambda)\dagger}(k)a^{(\lambda)}(k)
$$

$$
-a^{(\lambda)}(k)a^{(\lambda)\dagger}(k) \Big)
$$

$$
-\underbrace{|\vec{k}|^2}_{=\frac{\omega^2}{c^2}} \Big(-a^{(\lambda)\dagger}(k)a^{(\lambda)\dagger}(k_0,-\vec{k})e^{2i\omega t}
$$

$$
-a^{(\lambda)}(k)a^{(\lambda)}(k_0,-\vec{k})e^{-2i\omega t}
$$

$$
+a^{(\lambda)\dagger}(k)a^{(\lambda)}(k)
$$

$$
+a^{(\lambda)}(k)a^{(\lambda)\dagger}(k) \Big) \Bigg]
$$

$$
= \int \frac{d^3k}{(2\pi)^3 4\hbar^2 c^2} \sum_{\lambda=1}^{2} \underbrace{\Big(a^{(\lambda)\dagger}(k)a^{(\lambda)}(k) + a^{(\lambda)}(k)a^{(\lambda)\dagger}(k) \Big)}_{=[a^{(\lambda)}(k),a^{(\lambda)\dagger}(k)]+2a^{(\lambda)\dagger}(k)a^{(\lambda)}(k)}
$$

$$
\overset{(3.24a)}{=} \int d^3k \sum_{\lambda=1}^{2} \hbar\omega(\vec{k}) \left(\frac{1}{(2\pi)^3 2\omega(\vec{k})\hbar^2 c^2} a^{(\lambda)\dagger}(k)a^{(\lambda)}(k) + \frac{1}{2}\delta^3(0) \right)
$$

[vgl. Greiner u. Reinhardt, 1993, S. 230 und Starkl, 1998, S. 300].

Der Hamiltonoperator (3.29) lässt sich als erste Komponente des Vierer-Impulsoperators (3.30) schreiben. Die übrigen drei (zunächst noch nicht normalgeordneten) Komponenten lassen sich also folgendermaßen berechnen:

$$
\tilde{P}^j(x) = \int d^3x \ \vec{\pi}(x) \cdot \partial^j \left(-\vec{A}(x) \right) \overset{(3.11b)}{=} + \int \frac{d^3x}{c^2} \dot{\vec{A}}(x) \cdot \partial^j \vec{A}(x)
$$

$$\overset{(3.18)}{\underset{(3.19)}{=}} \int d^3x \int \frac{d^3k d^3k'}{(2\pi)^6 4\hbar^2 c^2 \omega \omega'}$$

$$\times \sum_{\lambda,\lambda'=1}^{2} \vec{\epsilon}^{(\lambda)}(k) \cdot \vec{\epsilon}^{(\lambda')}(k') i\omega \left(a^{(\lambda)\dagger}(k)e^{ik\cdot x} - a^{(\lambda)}(k)e^{-ik\cdot x} \right)$$

$$\times (-ik'^j) \left(a^{(\lambda')}(k')e^{-ik'\cdot x} - a^{(\lambda')\dagger}(k')e^{ik'\cdot x} \right)$$

$$= \int d^3x \int \frac{d^3k d^3k'}{(2\pi)^6 4\hbar^2 c^2 \omega'} \sum_{\lambda,\lambda'=1}^{2} \vec{\epsilon}^{(\lambda)}(k) \cdot \vec{\epsilon}^{(\lambda')}(k')k'^j$$

$$\times \left(- a^{(\lambda)\dagger}(k)a^{(\lambda')\dagger}(k')e^{i(k+k')\cdot x} - a^{(\lambda)}(k)a^{(\lambda')}(k')e^{-i(k+k')\cdot x} \right.$$

$$\left. + a^{(\lambda)\dagger}(k)a^{(\lambda')}(k')e^{i(k-k')\cdot x} + a^{(\lambda)}(k)a^{(\lambda')\dagger}(k')e^{i(k'-k)\cdot x} \right)$$

$$\overset{(3.14)}{=} \int \frac{d^3k d^3k'}{(2\pi)^3 4\hbar^2 c^2 \omega'} \sum_{\lambda,\lambda'=1}^{2} \vec{\epsilon}^{(\lambda)}(k) \cdot \vec{\epsilon}^{(\lambda')}(k')k'^j$$

$$\times \left(- a^{(\lambda)\dagger}(k)a^{(\lambda')\dagger}(k')e^{i(\omega+\omega')t}\delta^3(\vec{k} + \vec{k}') \right.$$

$$- a^{(\lambda)}(k)a^{(\lambda')}(k')e^{-i(\omega+\omega')t}\delta^3(\vec{k}' + \vec{k})$$

$$+ a^{(\lambda)\dagger}(k)a^{(\lambda')}(k')e^{i(\omega-\omega')t}\delta^3(\vec{k} - \vec{k}')$$

$$\left. + a^{(\lambda)}(k)a^{(\lambda')\dagger}(k')e^{i(\omega'-\omega)\cdot x}\delta^3(\vec{k}' - \vec{k}) \right).$$

Dabei wurde im letzten Schritt die d^3x-Integration ausgeführt. Berechnet man nun das Integral über k', wird $\vec{k}'$ in Abhängigkeit der jeweils beistehenden δ-Distribution durch $\pm\vec{k}$ ersetzt. Dadurch reduziert sich das Skalarprodukt der Polarisationsvektoren wegen (3.17) auf einen Vorfaktor $\pm\delta_{\lambda\lambda'}$, wobei sich das Vorzeichen jeweils mit dem des $\pm k^j$ ausgleicht. Damit erhält man:

$$\tilde{P}^j(x) = \int \frac{d^3k}{(2\pi)^3 4\hbar^2 c^2 \omega} \sum_{\lambda=1}^{2} k^j \left(- a^{(\lambda)\dagger}(k)a^{(\lambda)\dagger}(k_0, -\vec{k})e^{2i\omega t} \right.$$

$$- a^{(\lambda)}(k)a^{(\lambda)}(k_0, -\vec{k})e^{-2i\omega t}$$

$$+ a^{(\lambda)\dagger}(k)a^{(\lambda)}(k)$$

$$\left. + a^{(\lambda)}(k)a^{(\lambda)\dagger}(k) \right).$$

Man ordne nun die Integrationsreihenfolge so um, dass man für die j-te Komponente zuerst die Integration bezüglich k_j betrachtet. Wegen (3.24c) und (3.24b) sind

$$a^{(\lambda)\dagger}(k)a^{(\lambda)\dagger}(k_0, -\vec{k})$$

und

$$a^{(\lambda)}(k)a^{(\lambda)}(k_0, -\vec{k})$$

achsensymmetrisch zu $k^j = 0$. Durch den zusätzlichen Faktor k^j verschwindet also das Integral bezüglich k^j über die ersten beiden Summanden und man erhält

$$\tilde{P}^j(x) = \int \frac{d^3k}{(2\pi)^3 4\hbar^2 c^2 \omega} \sum_{\lambda=1}^{2} k^j \left(a^{(\lambda)\dagger}(k)a^{(\lambda)}(k) + a^{(\lambda)}(k)a^{(\lambda)\dagger}(k) \right).$$

Normalordnung liefert nun, wie schon beim Hamiltonoperator,

$$\vec{P}(x) = \int \frac{d^3k}{(2\pi\hbar)^3 2\omega c^2} \sum_{\lambda=1}^{2} \hbar\vec{k} a^{(\lambda)\dagger}(k)a^{(\lambda)}(k)$$

$$= \int d^3k\, \hbar\vec{k} \sum_{\lambda=1}^{2} \delta^3(0) \tilde{N}^{(\lambda)}(k). \tag{3.31}$$

A.3.5 Energie und Impuls erzeugter und vernichteter Teilchen

Über die Interpretation des Teilchenzahloperators und der Erzeugungs- und Vernichtungsoperatoren sowie der oben angegebenen Hamilton- und Impulsoperatoren ist es einleuchtend, dass $a^{(\lambda)\dagger}(k)$ $(a^{(\lambda)}(k))$ ein Teilchen mit Polarisation λ und Viererimpuls $\hbar k$ erzeugt (vernichtet). Dies soll nun explizit gezeigt werden.

Hierzu betrachte man Energien E_A und E_B beziehungsweise Impulse $\vec{p}_A$ und $\vec{p}_B$ der Zustände $|A\rangle$ und $|B\rangle := a^{(\lambda)\dagger}(k)\,|A\rangle$:[5]

$$H\,|B\rangle = Ha^{(\lambda)\dagger}(k)\,|A\rangle = E_B\,|B\rangle$$

$$= \int \frac{d^3k'}{(2\pi\hbar)^3\omega'c^2}\hbar\omega \sum_{\lambda'=1}^{2} a^{(\lambda')\dagger}(k')a^{(\lambda')}(k')a^{(\lambda)\dagger}(k)\,|A\rangle$$

$$\overset{(3.24a)}{=} \int \frac{d^3k'}{(2\pi\hbar)^3 2\omega'c^2}\hbar\omega' \sum_{\lambda'=1}^{2} a^{(\lambda')}(k')\Big((2\pi\hbar)^3 2\omega c^2\delta_{\lambda\lambda'}\delta^3(\vec{k}-\vec{k}')$$
$$+a^{(\lambda)\dagger}(k)a^{(\lambda')}(k')\Big)\,|A\rangle$$

$$\overset{(3.24c)}{=} \Big(\quad \hbar\omega a^{(\lambda)\dagger}(k)$$
$$+a^{(\lambda)\dagger}(k)\int \frac{d^3k'}{(2\pi\hbar)^3 2\omega'c^2}\hbar\omega \sum_{\lambda'=1}^{2} a^{(\lambda')\dagger}(k')a^{(\lambda')}(k') \Big)\,|A\rangle$$

$$= a^{(\lambda)\dagger}(k)\,(\hbar\omega + H)\,|A\rangle = (\hbar\omega + E_A)\,|B\rangle\,. \tag{A.14}$$

Wie man durch den Vergleich von E_A und E_B sieht, erzeugt $a^{(\lambda)\dagger}(k)$ also ein Teilchen mit Energie $\hbar\omega(\vec{k})$.

Völlig analog berechnet man den Impuls des erzeugten Teilchens:

$$\vec{P}\,|B\rangle = \vec{P}a^{(\lambda)\dagger}(k)\,|A\rangle = \vec{p}_B\,|B\rangle$$
$$= \Big(\hbar\vec{k} + \vec{p}_A\Big)\,|B\rangle\,. \tag{A.15}$$

Mit der gleichen Rechnung kann gezeigt werden, dass $a^{(\lambda)}(k)$ ein Teilchen mit Viererimpuls $\hbar k$ vernichtet.

---

[5] Die folgende Rechnung zeigt explizit, dass $|B\rangle$ tatsächlich ein Eigenzustand von H ist.

A.4 Kapitel 4

A.4.1 Hamiltonoperator des quantisierten freien Dirac-Feldes

Aus der Hamilton-Dichte (4.7), welche aus der einfachen Lagrange-Dichte (4.4) hergeleitet wurde, und den beiden Entwicklungen

$$\partial_0 \Psi(x) = \int \frac{d^3 p}{(2\pi\hbar)^3 \frac{E_p}{mc^2}} i \frac{E_p}{\hbar c} \sum_{\lambda=\pm 1} \left(\begin{array}{c} d^{(\lambda)\dagger}(p) v^{(\lambda)}(p) e^{ik\cdot x} \\ -b^{(\lambda)}(p) u^{(\lambda)}(p) e^{-ik\cdot x} \end{array} \right) \qquad (A.16a)$$

und

$$\Psi^\dagger(x) = \int \frac{d^3 p}{(2\pi\hbar)^3 \frac{E_p}{mc^2}} \sum_{\lambda=\pm 1} \left(\begin{array}{c} b^{(\lambda)\dagger}(p) u^{(\lambda)\dagger}(p) e^{ik\cdot x} \\ +d^{(\lambda)}(p) v^{(\lambda)\dagger}(p) e^{-ik\cdot x} \end{array} \right), \qquad (A.16b)$$

die man aus der adjungierten beziehungsweise abgeleiteten allgemeinen Lösung der freien Dirac-Gleichung (2.59) erhält und bei denen die Entwicklungskoeffizienten bereits als Operatoren behandelt wurden, wird nun der zunächst noch nicht normalgeordnete Hamiltonoperator berechnet. Im Laufe der Rechnung werden zusätzlich noch folgende Nebenrechnungen benutzt:

$$u^{(\lambda)\dagger}(p) u^{(\lambda')}(p)$$

$$\stackrel{(2.56)}{=} \frac{1}{2} \left(\left(\frac{c\not{p}}{mc^2} u^{(\lambda)}(p) \right)^\dagger u^{(\lambda')}(p) + u^{(\lambda)\dagger}(p) \frac{c\not{p}}{mc^2} u^{(\lambda')}(p) \right)$$

$$= \frac{1}{2} \left(u^{(\lambda)\dagger}(p) \frac{c\gamma^{\mu\dagger} p_\mu}{mc^2} u^{(\lambda')}(p) + u^{(\lambda)\dagger}(p) \frac{c\not{p}}{mc^2} u^{(\lambda')}(p) \right)$$

$$\stackrel{(2.15)}{=} \frac{1}{2} u^{(\lambda)\dagger}(p) \left(\frac{c\gamma^0 p_0 - c\gamma^j p_j}{mc^2} + \frac{c\not{p}}{mc^2} \right) u^{(\lambda')}(p)$$

$$= \frac{E_p}{mc^2} \overline{u}^{(\lambda)}(p) u^{(\lambda')}(p)$$

$$\stackrel{(2.55a)}{=} \frac{E_p}{mc^2} \delta_{\lambda\lambda'} \qquad (A.17a)$$

und

$$v^{(\lambda)\dagger}(p)v^{(\lambda')}(p)$$

$$\stackrel{(2.56)}{=} \frac{1}{2}\left(\left(-\frac{c\slashed{p}}{mc^2}v^{(\lambda)}(p)\right)^\dagger v^{(\lambda')}(p) - v^{(\lambda)\dagger}(p)\frac{c\slashed{p}}{mc^2}v^{(\lambda')}(p)\right)$$

$$= -\frac{1}{2}\left(v^{(\lambda)\dagger}(p)\frac{c\gamma^{\mu\dagger}p_\mu}{mc^2}v^{(\lambda')}(p) + v^{(\lambda)\dagger}(p)\frac{c\slashed{p}}{mc^2}v^{(\lambda')}(p)\right)$$

$$\stackrel{(2.15)}{=} -\frac{1}{2}v^{(\lambda)\dagger}(p)\left(\frac{c\gamma^0 p_0 - c\gamma^j p_j}{mc^2} + \frac{c\slashed{p}}{mc^2}\right)v^{(\lambda')}(p)$$

$$= -\frac{E_p}{mc^2}\bar{v}^{(\lambda)}(p)v^{(\lambda')}(p)$$

$$\stackrel{(2.55b)}{=} \frac{E_p}{mc^2}\delta_{\lambda\lambda'}. \tag{A.17b}$$

Damit gerüstet kann der Hamiltonoperator berechnet werden:

$$\tilde{H} = \int d^3x\,\mathscr{H} = \int d^3x\; i\hbar c\Psi^\dagger\partial_0\Psi$$

$$\stackrel{(A.16)}{=} \int d^3x \int \frac{d^3p\,d^3p'}{(2\pi\hbar)^6 \frac{E_p E_{p'}}{m^2c^4}} \frac{-\hbar E_{p'}}{\hbar} \sum_{\lambda,\lambda'=\pm1} \begin{pmatrix} b^{(\lambda)\dagger}(p)u^{(\lambda)\dagger}(p)e^{ik\cdot x} \\ +d^{(\lambda)}(p)v^{(\lambda)\dagger}(p)e^{-ik\cdot x} \end{pmatrix}$$

$$\times \begin{pmatrix} d^{(\lambda')\dagger}(p')v^{(\lambda')}(p')e^{ik'\cdot x} \\ -b^{(\lambda')}(p')u^{(\lambda')}(p')e^{-ik'\cdot x} \end{pmatrix}$$

$$= \int d^3x \int \frac{d^3p\,d^3p'}{(2\pi\hbar)^6 \frac{E_p}{m^2c^4}}$$

$$\times \sum_{\lambda,\lambda'=\pm1} \left(-b^{(\lambda)\dagger}(p)u^{(\lambda)\dagger}(p)v^{(\lambda')}(p')d^{(\lambda')\dagger}(p')e^{i(k+k')\cdot x} \right.$$

$$+ b^{(\lambda)\dagger}(p)u^{(\lambda)\dagger}(p)u^{(\lambda')}(p')b^{(\lambda')}(p')e^{-i(k-k')\cdot x}$$

$$- d^{(\lambda)}(p)v^{(\lambda)\dagger}(p)v^{(\lambda')}(p')d^{(\lambda')\dagger}(p')e^{i(k'-k)\cdot x}$$

$$\left. + d^{(\lambda)}(p)v^{(\lambda)\dagger}(p)u^{(\lambda')}(p')b^{(\lambda')}(p')e^{-i(k+k')\cdot x} \right)$$

$$
\overset{(3.14)}{=} \int \frac{d^3p\, d^3k'}{(2\pi\hbar)^3 \frac{E_p}{m^2c^4}}
$$

$$
\times \sum_{\lambda,\lambda'=\pm 1} \big(-b^{(\lambda)\dagger}(p)u^{(\lambda)\dagger}(p)v^{(\lambda')}(p')d^{(\lambda')\dagger}(p')e^{i(k_0+k_0')ct}\delta^3(-\vec{k}-\vec{k}')
$$

$$
+ b^{(\lambda)\dagger}(p)u^{(\lambda)\dagger}(p)u^{(\lambda')}(p')b^{(\lambda')}(p')e^{-i(k_0-k_0')ct}\delta^3(\vec{k}-\vec{k}')
$$

$$
- d^{(\lambda)}(p)v^{(\lambda)\dagger}(p)v^{(\lambda')}(p')d^{(\lambda')\dagger}(p')e^{i(k_0'-k_0)ct}\delta^3(\vec{k}-\vec{k}')
$$

$$
+ d^{(\lambda)}(p)v^{(\lambda)\dagger}(p)u^{(\lambda')}(p')b^{(\lambda')}(p')e^{-i(k_0+k_0')ct}\delta^3(\vec{k}+\vec{k}'))
$$

$$
= \int \frac{d^3p}{(2\pi\hbar)^3 \frac{E_p}{m^2c^4}}
$$

$$
\times \sum_{\lambda,\lambda'=\pm 1} \big(-b^{(\lambda)\dagger}(p)\underbrace{u^{(\lambda)\dagger}(p)v^{(\lambda')}(p_0,-\vec{p})}_{\overset{(2.57)}{=}0}d^{(\lambda')\dagger}(p_0,-\vec{p})e^{2ik_0ct}
$$

$$
+ b^{(\lambda)\dagger}(p)\underbrace{u^{(\lambda)\dagger}(p)u^{(\lambda')}(p)}_{\overset{(\text{A.17a})}{=}\frac{E_p}{mc^2}\delta_{\lambda\lambda'}}b^{(\lambda')}(p)
$$

$$
- d^{(\lambda)}(p)\underbrace{v^{(\lambda)\dagger}(p)v^{(\lambda')}(p)}_{\overset{(\text{A.17b})}{=}\frac{E_p}{mc^2}\delta_{\lambda\lambda'}}d^{(\lambda')\dagger}(p)
$$

$$
+ d^{(\lambda)}(p)\underbrace{v^{(\lambda)\dagger}(p)u^{(\lambda')}(p_0,-\vec{p})}_{\overset{(2.57)}{=}0}b^{(\lambda')}(p_0,-\vec{p})e^{-2ik_0ct})
$$

$$
= \int \frac{d^3p}{(2\pi\hbar)^3}mc^2 \sum_{\lambda=\pm 1} \big(b^{(\lambda)\dagger}(p)b^{(\lambda)}(p) - d^{(\lambda)}(p)d^{(\lambda)\dagger}(p)\big) \tag{4.8}
$$

[vgl. Ryder, 2005, S. 138f.]. Mit der Antivertauschungsrelation (4.3a) wird daraus

$$
\tilde{H} = \int \frac{d^3p}{(2\pi\hbar)^3}mc^2 \sum_{\lambda=\pm 1} \big(b^{(\lambda)\dagger}(p)b^{(\lambda)}(p) + d^{(\lambda)\dagger}(p)d^{(\lambda)}(p)
$$
$$
- \{d^{(\lambda)}(p), d^{(\lambda)\dagger}(p)\}\big)
$$

$$= \int \frac{d^3p}{(2\pi\hbar)^3} mc^2 \sum_{\lambda=\pm 1} \left(\tilde{N}^{(+)}_{(\lambda)}(p) + \tilde{N}^{(-)}_{(\lambda)}(p) - 1 \right) (2\pi\hbar)^3 \frac{E_p}{mc^2} \delta^3(0)$$

$$= \int d^3p \, E_p \sum_{\lambda=\pm 1} \left(\delta^3(0) \tilde{N}^{(+)}_{(\lambda)}(p) + \delta^3(0) \tilde{N}^{(-)}_{(\lambda)}(p) - \delta^3(0) \right).$$

Um die unendliche Nullpunktsenergie zu eliminieren, kann man wieder das normalgeordnete Produkt bilden, wie auf Seite 95 oder im Zusammenhang mit der folgenden Rechnung beschrieben.

A.4.2 Gesamtladungsoperator des Dirac-Feldes

Die Berechnung des (normalgeordneten) Gesamtladungsoperators erfolgt prinzipiell mit denselben Argumenten wie die Berechnung des Hamiltonoperators. Zusätzlich ist zu beachten, dass bei Fermionen das Vorzeichen eines Terms geändert werden muss, wenn ein Erzeugungs- und Vernichtungsoperator zum Zwecke der Normalordnung vertauscht werden. Die betreffende Stelle in der Rechnung ist mit ‚N.O.' gekennzeichnet.

$$Q = q \int d^3x \; : \Psi^\dagger \Psi :$$

$$\overset{(A.16)}{=} q \int d^3x \int \frac{d^3p \, d^3p'}{(2\pi\hbar)^6 \frac{E_p E_{p'}}{m^2 c^4}} \sum_{\lambda,\lambda'=\pm 1} : \left(\begin{array}{l} b^{(\lambda)\dagger}(p) u^{(\lambda)\dagger}(p) e^{ik\cdot x} \\ + d^{(\lambda)}(p) v^{(\lambda)\dagger}(p) e^{-ik\cdot x} \end{array} \right)$$

$$\times \left(\begin{array}{l} b^{(\lambda')}(p') u^{(\lambda')}(p') e^{-ik'\cdot x} \\ + d^{(\lambda')\dagger}(p') v^{(\lambda')}(p') e^{ik'\cdot x} \end{array} \right) :$$

$$\overset{N.O.}{=} q \int d^3x \int \frac{d^3p \, d^3p'}{(2\pi\hbar)^6 \frac{E_p E_{p'}}{m^2 c^4}}$$

$$\times \sum_{\lambda,\lambda'=\pm 1} \left(\begin{array}{l} b^{(\lambda)\dagger}(p) b^{(\lambda')}(p') u^{(\lambda)\dagger}(p) u^{(\lambda')}(p') e^{-i(k-k')\cdot x} \\ + b^{(\lambda)\dagger}(p) d^{(\lambda')\dagger}(p') u^{(\lambda)\dagger}(p) v^{(\lambda')}(p') e^{i(k+k')\cdot x} \\ + d^{(\lambda)}(p) b^{(\lambda')}(p') v^{(\lambda)\dagger}(p) u^{(\lambda')}(p') e^{-i(k+k')\cdot x} \\ - d^{(\lambda')\dagger}(p') d^{(\lambda)}(p) v^{(\lambda)\dagger}(p) v^{(\lambda')}(p') e^{i(k'-k)\cdot x} \end{array} \right)$$

$$\overset{(3.14)}{=} q \int \frac{d^3p\, d^3k'}{(2\pi\hbar)^3 \frac{E_p E_{p'}}{m^2 c^4}}$$

$$\times \sum_{\lambda, \lambda' = \pm 1} \big(\; b^{(\lambda)\dagger}(p)b^{(\lambda')}(p')u^{(\lambda)\dagger}(p)u^{(\lambda')}(p')e^{-i(k_0 - k_0')ct}\delta^3(\vec{k} - \vec{k}')$$

$$+ b^{(\lambda)\dagger}(p)d^{(\lambda')\dagger}(p')u^{(\lambda)\dagger}(p)v^{(\lambda')}(p')e^{i(k_0 + k_0')ct}\delta^3(-\vec{k} - \vec{k}')$$

$$+ d^{(\lambda)}(p)b^{(\lambda')}(p')v^{(\lambda)\dagger}(p)u^{(\lambda')}(p')e^{-i(k_0 + k_0')ct}\delta^3(\vec{k} + \vec{k}')$$

$$- d^{(\lambda')\dagger}(p')d^{(\lambda)}(p)v^{(\lambda)\dagger}(p)v^{(\lambda')}(p')e^{i(k_0' - k_0)ct}\delta^3(\vec{k} - \vec{k}') \big)$$

$$= q \int \frac{d^3p}{(2\pi\hbar)^3 \frac{E_p^2}{m^2 c^4}}$$

$$\times \sum_{\lambda, \lambda' = \pm 1} \big(\; b^{(\lambda)\dagger}(p)b^{(\lambda')}(p) \underbrace{u^{(\lambda)\dagger}(p)u^{(\lambda')}(p)}_{\overset{(A.17a)}{=} \frac{E_p}{mc^2}\delta_{\lambda\lambda'}}$$

$$+ b^{(\lambda)\dagger}(p)d^{(\lambda')\dagger}(p_0, -\vec{p}) \underbrace{u^{(\lambda)\dagger}(p)v^{(\lambda')}(p_0, -\vec{p})}_{\overset{(2.57)}{=} 0} e^{2ik_0 ct}$$

$$+ d^{(\lambda)}(p)b^{(\lambda')}(p_0, -\vec{p}) \underbrace{v^{(\lambda)\dagger}(p)u^{(\lambda')}(p_0, -\vec{p})}_{\overset{(2.57)}{=} 0} e^{-2ik_0 ct}$$

$$- d^{(\lambda')\dagger}(p)d^{(\lambda)}(p) \underbrace{v^{(\lambda)\dagger}(p)v^{(\lambda')}(p)}_{\overset{(A.17b)}{=} \frac{E_p}{mc^2}\delta_{\lambda\lambda'}} \big)$$

$$= q \int \frac{d^3p}{(2\pi\hbar)^3 \frac{E_p}{mc^2}} \sum_{\lambda = \pm 1} \big(b^{(\lambda)\dagger}(p)b^{(\lambda)}(p) - d^{(\lambda)\dagger}(p)d^{(\lambda)}(p) \big)$$

$$= q \int d^3p \sum_{\lambda = \pm 1} \big(\delta^3(0)\tilde{N}_{(\lambda)}^{(+)}(p) - \delta^3(0)\tilde{N}_{(\lambda)}^{(-)}(p) \big). \tag{4.18}$$

A.4.3 Energie, Impuls und Ladung erzeugter und vernichteter Teilchen

Wie schon in Abschnitt A.3.5, betrachte man die Energien E_A und E_B beziehungsweise Impulse $\vec{p}_A$ und $\vec{p}_B$ der Zustände $|A\rangle$ und $|B\rangle := b^{(\lambda)\dagger}(p)\,|A\rangle$:

$$
\begin{aligned}
H\,|B\rangle &= H b^{(\lambda)\dagger}(k)\,|A\rangle = E_B\,|B\rangle \\
&= \int \frac{d^3p'}{(2\pi\hbar)^3} mc^2 \sum_{\lambda'=\pm 1} \Big(\ b^{(\lambda')\dagger}(p')b^{(\lambda')}(p')b^{(\lambda)\dagger}(p) \\
&\qquad\qquad\qquad\qquad +d^{(\lambda')\dagger}(p')d^{(\lambda')}(p')b^{(\lambda)\dagger}(p)\Big)\,|A\rangle \\
&\overset{(4.3)}{=} \int \frac{d^3p'}{(2\pi\hbar)^3} mc^2 \sum_{\lambda'=\pm 1} \Big(\ b^{(\lambda')\dagger}(p') \left\{ b^{(\lambda')}(p'), b^{(\lambda)\dagger}(p) \right\} \\
&\qquad\qquad\qquad\qquad -b^{(\lambda')\dagger}(p')b^{(\lambda')}(p')b^{(\lambda)\dagger}(p) \\
&\qquad\qquad\qquad\qquad +b^{(\lambda)\dagger}(p)d^{(\lambda')\dagger}(p')d^{(\lambda')}(p')\Big)\,|A\rangle \\
&\overset{(4.3a)}{=} \Big(\ b^{(\lambda)\dagger}(p)E_p \\
&\qquad +\int \frac{d^3p'}{(2\pi\hbar)^3} mc^2 \sum_{\lambda'=\pm 1} \Big(\underbrace{-b^{(\lambda')\dagger}(p')b^{(\lambda)\dagger}(p)}_{\overset{(4.3b)}{=}\,b^{(\lambda)\dagger}(p)b^{(\lambda')\dagger}(p')}\,b^{(\lambda')}(p') \\
&\qquad\qquad\qquad\qquad + b^{(\lambda)\dagger}(p)d^{(\lambda')\dagger}(p')d^{(\lambda')}(p')\Big)\,|A\rangle \\
&= \Big(b^{(\lambda)\dagger}(p)E_p + b^{(\lambda)\dagger}(p)H\Big)\,|A\rangle \\
&= b^{(\lambda)\dagger}(p)\,(E_p + E_A)\,|A\rangle \\
&= (E_p + E_A)\,|B\rangle .
\end{aligned}
\tag{A.18}
$$

Der Vergleich von E_A und E_B zeigt, dass $b^{(\lambda)\dagger}(p)$ also ein Teilchen mit Energie E_p erzeugt.

Völlig analog berechnet man den Impuls des erzeugten Teilchens:

$$
\begin{aligned}
\vec{P}\,|B\rangle = \vec{P} b^{(\lambda)\dagger}(p)\,|A\rangle &= \vec{p}_B\,|B\rangle \\
&= (\vec{p}+\vec{p}_A)\,|B\rangle ,
\end{aligned}
\tag{A.19}
$$

sodass $b^{(\lambda)\dagger}(p)$ insgesamt ein Teilchen mit Viererimpuls p erzeugt. Mit der gleichen Rechnung lässt sich zeigen, dass $b^{(\lambda)}(p)$ ein Teilchen mit

Viererimpuls p vernichtet. Die Argumentation für die Antiteilchen, die durch die Operatoren $d^{(\lambda)\dagger}(p)$ und $d^{(\lambda)}(p)$ respektive erzeugt oder vernichtet werden, verläuft mit den entsprechenden Antivertauschungsrelationen analog.

Es seien nun q_A (q_A') beziehungsweise q_B (q_B') die Gesamtladung im Zustand $|A\rangle$ $(|A'\rangle)$ beziehungsweise $|B\rangle = b^{(\lambda)\dagger}(p)\,|A\rangle$ $(|B'\rangle = d^{(\lambda)\dagger}(p)\,|A'\rangle)$. Für die Diskussion der Ladung der erzeugten oder vernichteten Teilchen beziehungsweise Antiteilchen könnte man die obige Rechnung stur wiederholen, doch es ist einfacher den Hamiltonoperator

$$H = \int \frac{d^3p}{(2\pi\hbar)^3 \frac{1}{mc^2}} \sum_{\lambda=\pm 1} \left(b^{(\lambda)\dagger}(p)b^{(\lambda)}(p) + d^{(\lambda)\dagger}(p)d^{(\lambda)}(p) \right) \qquad (4.9)$$

mit dem Gesamtladungsoperator

$$Q = q \int \frac{d^3p}{(2\pi\hbar)^3 \frac{E_p}{mc^2}} \sum_{\lambda=\pm 1} \left(b^{(\lambda)\dagger}(p)b^{(\lambda)}(p) - d^{(\lambda)\dagger}(p)d^{(\lambda)}(p) \right) \qquad (4.17)$$

zu vergleichen. Dabei fällt auf, dass sie sich nur um den Faktor $\frac{q}{E_p}$ und das Vorzeichen des Terms $d^{(\lambda)\dagger}(p)d^{(\lambda)}(p)$ unterscheiden, der zur Antiteilchenzahldichte proportional ist. Dann ist klar, dass eine Rechnung wie die obige zu den Ergebnissen

$$Q\,|B\rangle = Q b^{(\lambda)\dagger}(p)\,|A\rangle = (q + q_A)\,|B\rangle \qquad (A.20a)$$

und

$$Q\,|B'\rangle = Q d^{(\lambda)\dagger}(p)\,|A'\rangle = (-q + q_A')\,|B'\rangle \qquad (A.20b)$$

führen muss. $b^{(\lambda\dagger)}(p)$ $(d^{(\lambda)\dagger}(p))$ erzeugt also ein (Anti-)Teilchen mit Ladung $(-)q$. Auf dieselbe Weise lässt sich zeigen, dass $b^{(\lambda)}(p)$ $(d^{(\lambda)}(p))$ ein (Anti-)Teilchen mit Ladung $(-)q$ vernichtet.

A.4.4 Gleichzeitige Antivertauschungsrelationen im Ortsraum

In der folgenden Rechnung werden zum Zwecke einer kürzeren Notation gleiche Zeitkomponenten von x und x' angenommen, das heißt $x = (ct, \vec{x})$

und $x' = (ct, \vec{x}')$. Die Indizes markieren die Spinorkomponenten und Matrixelemente und sind daher nicht mit der Notation von Tensoren oder Vierervektoren zu verwechseln.

$$\{\pi_\mu(x), \Psi_\nu(x')\} = i\hbar \left\{\Psi_\nu(x'), \Psi_\mu^\dagger(x)\right\}$$

$$= i\hbar \int \frac{d^3p\,d^3p'}{(2\pi\hbar)^6 \frac{E_p E_{p'}}{m^2 c^4}} \sum_{\lambda,\lambda'=\pm 1} \left\{\left(\begin{array}{l} b^{(\lambda')}(p')u_\nu^{(\lambda')}(p')e^{-ik'\cdot x'} \\ +d^{(\lambda')\dagger}(p')v_\nu^{(\lambda')\dagger}(p')e^{ik'\cdot x'} \end{array}\right),\right.$$

$$\left.\left(\begin{array}{l} b^{(\lambda)\dagger}(p)u_\mu^{(\lambda)\dagger}(p)e^{ik\cdot x} \\ +d^{(\lambda)}(p)v_\mu^{(\lambda)\dagger}(p)e^{-ik\cdot x} \end{array}\right)\right\}$$

$$= i\hbar \int \frac{d^3p\,d^3p'}{(2\pi\hbar)^6 \frac{E_p E_{p'}}{m^2 c^4}}$$

$$\times \sum_{\lambda,\lambda'=\pm 1} \left(\begin{array}{l} u_\nu^{(\lambda')}(p')u_\mu^{(\lambda)\dagger}(p)\left\{b^{(\lambda)\dagger}(p), b^{(\lambda')}(p')\right\}e^{i(k\cdot x - k'\cdot x')} \\ +v_\nu^{(\lambda')\dagger}(p')u_\mu^{(\lambda)\dagger}(p)\left\{b^{(\lambda)\dagger}(p), d^{(\lambda')\dagger}(p')\right\}e^{i(k\cdot x + k'\cdot x')} \\ +u_\nu^{(\lambda')}(p')v_\mu^{(\lambda)\dagger}(p)\left\{d^{(\lambda)}(p), b^{(\lambda')}(p')\right\}e^{-i(k\cdot x + k'\cdot x')} \\ +v_\nu^{(\lambda')\dagger}(p')v_\mu^{(\lambda)\dagger}(p)\left\{d^{(\lambda)}(p), d^{(\lambda')\dagger}(p')\right\}e^{i(k'\cdot x' - k\cdot x)} \end{array}\right)$$

$$\stackrel{(4.3)}{=} i\hbar \int \frac{d^3p\,d^3p'}{(2\pi\hbar)^6 \frac{E_p E_{p'}}{m^2 c^4}}$$

$$\times \sum_{\lambda,\lambda'=\pm 1} \left(\begin{array}{l} u_\nu^{(\lambda')}(p')\overline{u}_\rho^{(\lambda)}(p)e^{i(k\cdot x - k'\cdot x')} \\ +\overline{v}_\nu^{(\lambda')}(p')v_\rho^{(\lambda)\dagger}(p)e^{i(k'\cdot x' - k\cdot x)} \end{array}\right)\gamma_{\rho\mu}^0$$

$$\times \delta_{\lambda\lambda'}(2\pi\hbar)^3 \frac{E_p}{mc^2}\delta^3(\vec{p} - \vec{p}')$$

$$= i\hbar \int \frac{d^3p\,d^3p'}{(2\pi\hbar)^3 \frac{E_{p'}}{mc^2}}\delta^3(\vec{p} - \vec{p}') \sum_{\lambda=\pm 1} \left(\begin{array}{l} u_\nu^{(\lambda)}(p')\overline{u}_\rho^{(\lambda)}(p)e^{i(k\cdot x - k'\cdot x')} \\ +v_\nu^{(\lambda)}(p')\overline{v}_\rho^{(\lambda)}(p)e^{i(k'\cdot x' - k\cdot x)} \end{array}\right)\gamma_{\rho\mu}^0$$

$$= i\hbar \int \frac{d^3p}{(2\pi\hbar)^3 \frac{E_p}{mc^2}} \sum_{\lambda=\pm 1} \left(\begin{array}{c} u_\nu^{(\lambda)}(p)\overline{u}_\rho^{(\lambda)}(p)e^{ik\cdot(x-x')} \\ +v_\nu^{(\lambda)}(p)\overline{v}_\rho^{(\lambda)}(p)e^{ik\cdot(x'-x)} \end{array} \right)\gamma_{\rho\mu}^0$$

$$\overset{(2.58)}{=} i\hbar \int \frac{d^3k}{(2\pi)^3 \frac{E_p}{mc^2}} \left(\begin{array}{c} \dfrac{c\not{p} + mc^2\mathbb{1}}{2mc^2}\gamma^0 e^{ik\cdot(x-x')} \\ +\dfrac{c\not{p} - mc^2\mathbb{1}}{2mc^2}\gamma^0 e^{ik\cdot(x'-x)} \end{array} \right)_{\nu\mu}$$

Für dieses Zwischenergebnis wurden die Rechenschritte beim Beweis von Gleichung (2.58) auf Seite 135 benutzt. Den Schlüssel zur weiteren Berechnung liefern Symmetrieüberlegungen:
Bis auf die p_0-Summanden gleichen sich die Beiträge der Klammer nach Integration über d^3k gerade aus, denn die Argumente der Exponentialfunktionen besitzen entgegengesetzte Vorzeichen, während die $\vec{k}$-abhängigen Vorfaktoren gleiche Vorzeichen besitzen. Für jedes k_j gleichen sich daher die über dem negativen Integrationsbereich erzielten Beiträge des ersten Summanden mit den über dem positiven Integrationsbereich des zweiten Summanden aus und umgekehrt. Übrig bleibt lediglich

$$\{\pi_\mu(x), \Psi_\nu(x')\} = i\hbar \left\{ \Psi_\nu(x'), \Psi_\mu^\dagger(x) \right\}$$

$$= i\hbar \int \frac{d^3k}{(2\pi)^3} \left(\frac{cp_0 e^{ik\cdot(x-x')} + cp_0 e^{ik\cdot(x'-x)}}{2E_p}\mathbb{1} \right)_{\nu\mu}$$

$$\overset{(3.14)}{=} i\hbar\delta_{\mu\nu}\frac{1}{2}\left(\delta^3(\vec{x} - \vec{x}') + \delta^3(\vec{x}' - \vec{x}) \right)$$

$$= i\hbar\delta_{\mu\nu}\delta^3(\vec{x} - \vec{x}') \tag{4.19a}$$

[vgl. Ryder, 2005, S. 140]. Analog kann man zeigen, dass

$$\{\Psi_\mu(ct, \vec{x}), \Psi_\nu(ct, \vec{x}')\} = \left\{ \Psi_\mu^\dagger(ct, \vec{x}), \Psi_\nu^\dagger(ct, \vec{x}') \right\} \tag{A.21}$$

$$= \left\{ \overline{\Psi}_\mu(ct, \vec{x}), \overline{\Psi}_\nu(ct, \vec{x}') \right\} = 0. \tag{4.19b}$$

A.4.5 Beweis der relativistischen Kovarianz

Im Folgenden werden für x und x' wieder gleiche Zeiten angenommen, $x' := (ct, \vec{x}')$ für $x = (ct, \vec{x})$. Die Indizes ρ und σ markieren zudem die

Komponenten der Spinoren und sind nicht mit den Indizes kovarianter Vierervektoren zu verwechseln.

Der Tensor für den verallgemeinerten Gesamt-Drehimpuls lautet

$$M^{\mu\nu} = \int d^3x \Psi^\dagger(x) \left(i\hbar \left(x^\mu \partial^\nu - x^\nu \partial^\mu \right) + \frac{i}{4} [\gamma^\mu, \gamma^\nu] \right) \Psi(x) \quad \text{(A.22)}$$

[vgl. Bjorken u. Drell, 1967, S. 71]. Die Quantentheorie des Dirac-Feldes ist invariant unter Translationen, denn für $\mu = 0$ gilt

$$\frac{i}{\hbar c} [H, \Psi(x)_\rho] \overset{(4.8)}{=} - \int d^3x \left[\Psi^\dagger_\sigma(x) \partial_0 \Psi_\sigma(x), \Psi_\rho(x') \right]$$

$$= - \int d^3x \Big(\ \Psi^\dagger_\sigma(x) \partial_0 \Psi_\sigma(x) \Psi_\rho(x')$$
$$- \Psi_\rho(x') \Psi^\dagger_\sigma(x) \partial_0 \Psi_\sigma(x) \Big)$$

$$\overset{(4.19b)}{=} \int d^3x \left(\Psi^\dagger_\sigma(x) \Psi_\rho(x') + \Psi_\rho(x') \Psi^\dagger_\sigma(x) \right) \partial_0 \Psi_\sigma$$

$$\overset{(4.19a)}{=} \partial_0 \Psi_\rho(x).$$

Analog zeigt man, dass $\frac{i}{\hbar} \left[P^j, \Psi(x)_\rho \right] = \partial^j \Psi_\rho(x)$ für $j \in \{1,2,3\}$ gilt, was man durch

$$\frac{i}{\hbar} [P^\mu, \Psi(x)] = \partial^\mu \Psi(x) \quad \text{(4.20a)}$$

zusammenfassen kann.

Die Invarianz unter eigentlichen Lorentz-Transformationen folgt aus

$$\frac{i}{\hbar} [M^{\mu\nu}, \Psi(x)_\rho]$$

$$= - \int d^3x \Big(\ \Psi^\dagger_\sigma(x) \left(\left(x^\mu \partial^\nu - \partial^\nu x^\mu + \frac{1}{4} [\gamma^\mu, \gamma^\nu] \right) \Psi(x) \right)_\sigma \Psi_\rho(x')$$

$$- \Psi_\rho(x') \Psi^\dagger_\sigma(x) \left(\left(x^\mu \partial^\nu - \partial^\nu x^\mu + \frac{1}{4} [\gamma^\mu, \gamma^\nu] \right) \Psi(x) \right)_{\sigma}$$

$$\overset{(4.19b)}{=} \int d^3x \left\{ \Psi^\dagger_\sigma(x), \Psi_\rho(x') \right\} \left(\left(x^\mu \partial^\nu - \partial^\nu x^\mu + \frac{1}{4} [\gamma^\mu, \gamma^\nu] \right) \Psi(x) \right)_\sigma$$

$$\overset{(4.19a)}{=} \left(\left(x^\mu \partial^\nu - \partial^\nu x^\mu + \frac{1}{4} \left[\gamma^\mu, \gamma^\nu \right] \right) \Psi(x) \right)_\rho$$

$$\Leftrightarrow \frac{i}{\hbar} \left[M^{\mu\nu}, \Psi(x) \right] = \left(x^\mu \partial^\nu - \partial^\nu x^\mu + \frac{1}{4} \left[\gamma^\mu, \gamma^\nu \right] \right) \Psi(x). \qquad (4.20b)$$

A.5 Kapitel 5

A.5.1 Schrödinger-Gleichung im Wechselwirkungsbild

Setzt man Gleichung (5.15b) in die Schrödinger-Gleichung im Schrödinger-Bild

$$i\hbar \frac{d}{dt} \left| \Psi(t) \right\rangle_S = H^S \left| \Psi(t) \right\rangle_S$$

ein, so erhält man mit Hilfe der Beziehungen (5.15):

$$i\hbar \frac{d}{dt} \left(e^{-i\frac{H_0}{\hbar}(t-t_0)} \left| \Psi(t) \right\rangle_W \right) = \left(H_0 + H_{\text{int}}^S \right) U_0 \left| \Psi(t) \right\rangle_W$$

$$\Leftrightarrow H_0 U_0 \left| \Psi(t) \right\rangle_W + i\hbar \frac{d}{dt} \left| \Psi(t) \right\rangle_W = \left(H_0 + H_{\text{int}}^S \right) U_0 \left| \Psi(t) \right\rangle_W$$

$$\Leftrightarrow i\hbar U_0 \frac{d}{dt} \left| \Psi(t) \right\rangle_W = H_{\text{int}}^S U_0 \left| \Psi(t) \right\rangle_W$$

$$\overset{(5.15c)}{\Leftrightarrow} i\hbar \frac{d}{dt} \left| \Psi(t) \right\rangle_W = H_{\text{int}}^W \left| \Psi(t) \right\rangle_W. \qquad (5.16)$$

Im Folgenden wird die Angabe des Bildes unterdrückt, weil nur noch im Wechselwirkungsbild gerechnet wird [vgl. Mandl u. Shaw, 2010, S. 21].

A.5.2 Lösung des Zeitentwicklungsoperators

Die Volterra-Integralgleichung für den Zeitentwicklungsoperator $U(t-t_0)$ lautet

$$U(t, t_0) = \mathbb{1} + \frac{1}{i\hbar} \int_{t_0}^{t} dt' H_{\text{int}}(t') U(t', t_0). \qquad (5.17)$$

Sie ist iterativ lösbar und nach mehr als n Iterationen, bei denen jeweils die rechte Seite mit $t \to t'$ für $U(t', t_0)$ eingesetzt wird, erhält man

$$
\begin{aligned}
U(t, t_0) &= \mathbb{1} + \frac{1}{i\hbar} \int_{t_0}^{t} dt_1 H_{\text{int}}(t_1) U(t_1, t_0) \\
&= \mathbb{1} + \frac{1}{i\hbar} \int_{t_0}^{t} dt_1 H_{\text{int}}(t_1) \left(\mathbb{1} + \frac{1}{i\hbar} \int_{t_0}^{t_1} dt_2 H_{\text{int}}(t_2) U(t_2, t_0) \right) \\
&= \mathbb{1} + \frac{1}{i\hbar} \int_{t_0}^{t} dt_1 H_{\text{int}}(t_1) \\
&\quad + \frac{1}{(i\hbar)^2} \int_{t_0}^{t} dt_1 \int_{t_0}^{t_1} dt_2 H_{\text{int}}(t_1) H_{\text{int}}(t_2) U(t_2, t_0) \\
&= \ldots \\
&= \mathbb{1} + \frac{1}{i\hbar} \int_{t_0}^{t} dt_1 H_{\text{int}}(t_1) \\
&\quad + \frac{1}{(i\hbar)^2} \int_{t_0}^{t} dt_1 \int_{t_0}^{t_1} dt_2 H_{\text{int}}(t_1) H_{\text{int}}(t_2) \\
&\quad + \ldots \\
&\quad + \frac{1}{(i\hbar)^n} \int_{t_0}^{t} dt_1 \ldots \int_{t_0}^{t_{n-1}} dt_n H_{\text{int}}(t_1) H_{\text{int}}(t_2) \ldots H_{\text{int}}(t_n) + \ldots
\end{aligned}
$$

$$\text{(A.23)}$$

Man betrachte nun die zweite Zeile von (A.23). Der Bereich, über den dabei integriert wird, bildet in der (t_1, t_2)-Ebene ein gleichschenkliges Dreieck unterhalb der ersten Winkelhalbierenden [vgl. Abbildung A.1]. Dieses Dreieck wird in den Integralgrenzen durch die Bereiche

$$
\begin{aligned}
& \left\{ x \in \mathbb{R}^2 \,|\, t_0 < x_2 \leqslant x_1 \wedge t_0 < x_1 < t \right\} \\
&= \left\{ x \in \mathbb{R}^2 \,|\, t_0 < x_2 < t \wedge x_2 \leqslant x_1 < t \right\}
\end{aligned}
$$

$$\text{(A.24)}$$

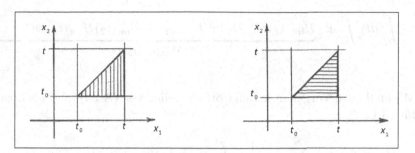

Abbildung A.1: Zwei Möglichkeiten über dieselbe Drei-
           ecksfläche zu integrieren

Die Orientierung der Schraffierung deutet die unterschiedliche
Integrationsreihenfolge an. Die äquivalenten Flächen sind in
Gleichung (A.24) zudem mengentheoretisch dargestellt [Ab-
bildung mit angepasster Notation nach: Greiner u. Reinhardt,
1993, S. 251].

beschrieben. Also gilt die Gleichheit der Integrale

$$\int_{t_0}^{t} dt_1 \int_{t_0}^{t_1} dt_2 H_{\text{int}}(t_1) H_{\text{int}}(t_2) = \int_{t_0}^{t} dt_2 \int_{t_2}^{t} dt_1 H_{\text{int}}(t_1) H_{\text{int}}(t_2)$$

$$= \int_{t_0}^{t} dt_1 \int_{t_1}^{t} dt_2 H_{\text{int}}(t_2) H_{\text{int}}(t_1).$$

$$(A.25)$$

Dabei resultiert der letzte Schritt aus der Umbenennung $t_1 \leftrightarrow t_2$. Es
folgt, dass

$$2 \int_{t_0}^{t} dt_1 \int_{t_0}^{t_1} dt_2 H_{\text{int}}(t_1) H_{\text{int}}(t_2)$$

$$= \int_{t_0}^{t} dt_1 \int_{t_0}^{t_1} dt_2 H_{\text{int}}(t_1) H_{\text{int}}(t_2)$$

$$+ \int_{t_0}^{t} dt_1 \int_{t_1}^{t} dt_2 H_{\text{int}}(t_2) H_{\text{int}}(t_1)$$

$$= \int_{t_0}^{t} dt_1 \int_{t_0}^{t} dt_2 \underbrace{H_{\text{int}}(t_1)H_{\text{int}}(t_2)\Theta(t_1 - t_2) + H_{\text{int}}(t_2)H_{\text{int}}(t_1)\Theta(t_2 - t_1)}_{=T\{H_{\text{int}}(t_1)H_{\text{int}}(t_2)\}}.$$

$$(A.26)$$

Mit analogem Vorgehen in den übrigen Zeilen von (A.23) folgt als Lösung für (5.17):

$$U(t, t_0) = \mathbb{1} + \sum_{n=1}^{\infty} \frac{1}{n!} \frac{1}{(i\hbar)^n} \int_{t_0}^{t} dt_1 \dots \int_{t_0}^{t} dt_n T\{H_{\text{int}}(t_1)\dots H_{\text{int}}(t_n)\}.$$

$$(5.18)$$

---

6)

$$\Theta(x) := \begin{cases} 0, & x < 0 \\ 1, & x \geqslant 0 \end{cases}$$

ist die Heaviside-Funktion, mit deren Hilfe hier die Fälle $t_1 \leqslant t_2$ und $t_1 \geqslant t_2$ unterschieden werden. Äquivalent ist dies über den Zeitordnungsoperator möglich:

$$T\{A(x)B(y)\} := \begin{cases} A(x)B(y), & x_0 \geqslant y_0 \\ (-1)^k B(y)A(x), & x_0 \leqslant y_0 \end{cases}$$

Hierbei zählt k die Vertauschungen von Fermionoperatoren, bis die Operatoren von links nach rechts in zeitlich abfallender Reihenfolge geordnet sind. Der Hamiltonoperator besitzt als skalare Größe eine gerade Anzahl von Fermionoperatoren, weshalb in (A.26) kein ‚−' auftritt.

Diese Definition lässt sich auf Produkte beliebig vieler Faktoren erweitern, wobei für n Faktoren $n!$ verschiedene Fälle (Permutationen der n Zeitpunkte) unterschieden werden müssen [vgl. Greiner u. Reinhardt, 1993, S. 251f.].

A.5.3 Berechnung der Übergangsamplitude der Comptonstreuung im Impulsraum

Um die Übergangsamplitude der Comptonstreuung in niedrigster Ordnung zu berechnen, betrachtet man zunächst, wie die Feldoperatoren auf den Ausgangs- beziehungsweise Endzustand wirken: Multipliziert man diese beiden Zustände an $S^{(2)}_{\text{Compton}}$ aus (5.32) heran und setzt (5.34) ein, so erhält man

$$\left\langle e^-, \vec{p}', s'; \gamma, \vec{k}', \lambda' \left| S^{(2)}_{\text{Compton}} \right| e^-, \vec{p}, s; \gamma, \vec{k}, \lambda \right\rangle$$

$$= \frac{-e^2}{\hbar^2} \int\int d^4x\, d^4y \;\; \frac{mc^2}{(2\pi\hbar)^3 E_p'} \overline{u}^{(s')}(p') e^{i\frac{p'}{\hbar}\cdot x} \gamma^\mu i S_F(x-y) \gamma^\nu$$

$$\times \Bigg(\;\; \frac{\epsilon_\mu^{(\lambda')}(k')e^{ik'\cdot x}}{(2\pi)^3 2\hbar\omega(\vec{k}')} \langle 0|0\rangle \frac{\epsilon_\nu^{(\lambda)}(k)e^{-ik\cdot y}}{(2\pi)^3 2\hbar\omega(\vec{k})}$$

$$+ \frac{\epsilon_\nu^{(\lambda')}(k')e^{ik'\cdot y}}{(2\pi)^3 2\hbar\omega(\vec{k}')} \langle 0|0\rangle \frac{\epsilon_\mu^{(\lambda)}(k)e^{-ik\cdot x}}{(2\pi)^3 2\hbar\omega(\vec{k})} \Bigg)$$

$$\times \frac{mc^2}{(2\pi\hbar)^3 E_p} u^{(s)}(p) e^{-i\frac{p}{\hbar}\cdot y}$$

$$\overset{(5.26b)}{=} \frac{-e^2}{\hbar^2} \frac{m^2 c^4}{\hbar^6 E_p' E_p} \overline{u}^{(s')}(p')$$

$$\times \int \frac{d^4 p''}{(2\pi\hbar)^4} \int\int d^4x\, d^4y \Bigg(\;\; \frac{\not\epsilon^{(\lambda')}(k') i S_F(p'') \not\epsilon^{(\lambda)}(k)}{(2\pi)^6 4\hbar^2 \omega(\vec{k}')\omega(\vec{k})}$$

$$\times e^{i\left(\frac{p'}{\hbar}+k'-\frac{p''}{\hbar}\right)\cdot x} e^{i\left(\frac{p''}{\hbar}-k-\frac{p}{\hbar}\right)\cdot y}$$

$$+ \frac{\not\epsilon^{(\lambda)}(k) i S_F(p'') \not\epsilon^{(\lambda')}(k')}{(2\pi)^6 4\hbar^2 \omega(\vec{k})\omega(\vec{k}')}$$

$$\times e^{i\left(\frac{p'}{\hbar}-k-\frac{p''}{\hbar}\right)\cdot x} e^{i\left(\frac{p''}{\hbar}+k'-\frac{p}{\hbar}\right)\cdot y} \Bigg)$$

$$\times u^{(s)}(p)$$

$$\overset{(3.14)}{=} \frac{-e^2}{\hbar^2} \frac{m^2 c^4}{\hbar^6 E'_p E_p} \quad \overline{u}^{(s)}(p')i\frac{(2\pi)^8}{(2\pi\hbar)^4}\delta^4\left(\frac{p'}{\hbar} + k' - \frac{p}{\hbar} - k\right)$$

$$\times \left(\frac{\not{\epsilon}^{(\lambda')}(k')S_F(p'')\not{\epsilon}^{(\lambda)}(k)}{(2\pi)^6 4\hbar^2 \omega(\vec{k'})\omega(\vec{k})} + \frac{\not{\epsilon}^{(\lambda)}(k)S_F(p''')\not{\epsilon}^{(\lambda')}(k')}{(2\pi)^6 4\hbar^2 \omega(\vec{k})\omega(\vec{k'})}\right)$$

$$\times u^{(s)}(p),$$

mit $p'' = p + \hbar k = p' + \hbar k'$ und $p''' = p' - \hbar k = p - \hbar k'$. In den δ-Distributionen, die durch die zweifache Integration über die gesamte Raumzeit erzeugt werden, spiegelt sich also für beide möglichen Abläufe jeweils die Energie- und Impulserhaltung wider.

$$\Rightarrow \left\langle e^-, \vec{p}', s'; \gamma, \vec{k}', \lambda' \left| S^{(2)}_{\text{Compton}} \right| e^-, \vec{p}, s; \gamma, \vec{k}, \lambda \right\rangle$$

$$= \frac{-e^2}{\hbar^2} \frac{mc^2}{(2\pi\hbar)^3 E'_p} \overline{u}^{(s')}(p')\left(\frac{2\pi}{\hbar}\right)^4 \delta^4\left(\frac{p'}{\hbar} + k' - \frac{p}{\hbar} - k\right)$$

$$\times \left(\frac{\not{\epsilon}^{(\lambda')}(k')}{(2\pi)^3 2\hbar\omega(\vec{k'})}iS_F(p + \hbar k)\frac{\not{\epsilon}^{(\lambda)}(k)}{(2\pi)^3 2\hbar\omega(\vec{k})} \frac{mc^2}{(2\pi\hbar)^3 E_p}u^{(s)}(p)\right.$$

$$\left. + \frac{\not{\epsilon}^{(\lambda)}(k)}{(2\pi)^3 2\hbar\omega(\vec{k})}iS_F(p - \hbar k')\frac{\not{\epsilon}^{(\lambda')}(k')}{(2\pi)^3 2\hbar\omega(\vec{k'})}\right)$$

$$(5.35)$$

[vgl. Mandl u. Shaw, 2010, S. 114].

Literaturverzeichnis

[AG Quantum 2011] AG QUANTUM: *Antiwasserstoff*. http://www. quantum.physik.uni-mainz.de/ag_walz__hbar__index.html.de, Mai 2011. – (11. Februar 2014)

[Anderson 1932] ANDERSON, Carl D.: The Apparent Existence of Easily Deflectable Positives. In: *Science* 76 (1932), S. 238–239

[Arabatzis 2006] ARABATZIS, Theodore: *Representing Electrons : A Biographical Approach to Theoretical Entities*. Chicago, Ill. [u.a.] : Univ. of Chicago Press, 2006

[Ardic 2013] ARDIC, Tülin: *Schrödinger- und Dirac-Gleichung für verschiedene kugelsymmetrische Potenziale*, Johannes Gutenberg-Universität Mainz, Staatsexamensarbeit, 2013

[Ashtekar 2005] ASHTEKAR, Abhay: The Winding Road to Quantum Gravity. In: *Curr. Sci.* 88 (2005), S. 2064–2074

[Backhaus u. a. 2008] BACKHAUS, Udo ; BOYSEN, Gerd ; FÖSEL, Angela ; HEISE, Harri ; HILSCHER, Helmut ; LICHTENBERGER, Jochim ; LIEBERS, Klaus ; SCHEPERS, Harald ; SCHLICHTING, Hans-Joachim ; SCHÖN, Lutz-Helmut ; SCHWEITZER, Stefan ; THANNER, Anton ; WILKE, Hans-Joachim ; WÖRLEN, Friedrich: *Fokus Physik : Gymnasium Rheinland-Pfalz*. 1. Aufl. Cornelsen, 2008

[Bell 1955] BELL, John S.: Time Reversal in Field Theory. In: *Proc. Roy. Soc. Lond. A* 231 (1955), S. 479–495

[Bennett u. a. 2006] BENNETT, Gerald W. u. a.: Final Report of the E821 Muon Anomalous Magnetic Moment Measurement at BNL. In: *Phys. Rev. D* 73 (2006), S. 072003

[Beresteckij u. a. 1991] BERESTECKIJ, Vladimir B. ; LIFSIC, Evgenij M. ; PITAEVSKIJ, Lev P. ; LANDAU, Lev D. (Hrsg.): *Lehrbuch der theoretischen Physik*. Bd. 4. Quantenelektrodynamik. 7., ber. Aufl. Berlin : Akad.-Verl., 1991

[Bjorken u. Drell 1967] BJORKEN, James D. ; DRELL, Sidney D.: *Relativistische Quantenfeldtheorie*. Mannheim : Bibliograph. Inst., 1967

[Bjorken u. Drell 1998] BJORKEN, James D. ; DRELL, Sidney D.: *Relativistische Quantenmechanik*. [Nachdr.]. Heidelberg [u.a.] : Spektrum, Akad. Verl., 1998

[Blackett u. Occhialini 1933] BLACKETT, Patrick M. S. ; OCCHIALINI, Giuseppe P. S.: Some Photographs of the Tracks of Penetrating Radiation. In: *Proc. Roy. Soc. Lond.* A 139 (1933), S. 699–726

[Bleuler 1950] BLEULER, Konrad: Eine neue Methode zur Behandlung der longitudinalen und skalaren Photonen. In: *Helv. Phys. Acta* 23 (1950), S. 567–586

[Blum u. a. 2013] BLUM, Thomas ; DENIG, Achim ; LOGASHENKO, Ivan ; RAFAEL, Eduardo de ; LEE ROBERTS, Bradley u. a.: The Muon (g-2) Theory Value: Present and Future. In: *ArXiv e-prints* http://arxiv.org/abs/1311.2198 (2013)

[Boysen u. a. 2008] BOYSEN, Gerd (Hrsg.) ; HEISE, Harri (Hrsg.) ; LICHTENBERGER, Jochim (Hrsg.) ; SCHEPERS, Harald (Hrsg.) ; SCHLICHTING, Hans-Joachim (Hrsg.): *Oberstufe Physik : Gesamtband*. 1. Aufl., 3. Druck. Berlin : Cornelsen, 2008

[Bredthauer u. a. 1987] BREDTHAUER, Wilhelm ; BRUNS, Klaus G. ; VON DWINGELO-LÜTTEN, Rolf ; KIRCHHOFF, Hans-Werner ; OPLADEN, Joannes ; RIEGER, Rainer ; WESSELS, Peter ; ZIPPEL, Klaus: *Atome, Kerne, Quanten*. 1. Aufl. Stuttgart : Klett, 1987

[de Broglie 1925] BROGLIE, Louis V. P. R.: Recherches sur la théorie des quanta. In: *Annales Phys.* 2 (1925), S. 22–128

[Brown 2003] BROWN, Dan: *Illuminati*. Gustav Lübbe Verlag, 2003

[Caban u. a. 2013] CABAN, Paweł ; REMBIELIŃSKI, Jakub ; WŁODARC-ZYK, Marta: Spin Operator in the Dirac Theory. In: *Phys. Rev. A* 88 (2013), S. 022119

[Chadwick 1932a] CHADWICK, James: The Existence of a Neutron. In: *Proc. Roy. Soc. Lond. A* 136 (1932), S. 692–708

[Chadwick 1932b] CHADWICK, James: Possible Existence of a Neutron. In: *Nature* 129 (1932), S. 312

[Christenson u. a. 1964] CHRISTENSON, James H. ; CRONIN, James W. ; FITCH, Val L. ; TURLAY, René: Evidence for the 2π Decay of the K_2^0 Meson. In: *Phys. Rev. Lett.* 13 (1964), S. 138–140

[Darwin 1927] DARWIN, Charles G.: The Electron as a Vector Wave. In: *Proc. Roy. Soc. Lond. A* 116 (1927), S. 227–253

[Davisson u. Germer 1927] DAVISSON, Clinton ; GERMER, Lester H.: Diffraction of Electrons by a Crystal of Nickel. In: *Phys. Rev.* 30 (1927), S. 705–740

[de Maria u. Russo 1985] DE MARIA, Michelangelo ; RUSSO, Arturo: The Discovery of the Positron. In: *Riv. Stor. Sci.* 2 (1985), S. 237–286

[DeWitt u. Jacob 1965] DEWITT, C. (Hrsg.) ; JACOB, M. (Hrsg.): *High Energy Physics*. New York [u.a.] : Gordon and Breach, 1965

[Dirac 1928] DIRAC, Paul A. M.: The Quantum Theory of the Electron. In: *Proc. Roy. Soc. Lond. A* 117 (1928), S. 610–624

[Dirac 1930] DIRAC, Paul A. M.: A Theory of Electrons and Protons. In: *Proc. Roy. Soc. Lond. A* 126 (1930), S. 360–365

[Dirac 1931] DIRAC, Paul A. M.: Quantised Singularities in the Electromagnetic Field. In: *Proc. Roy. Soc. Lond. A* 133 (1931), S. 60–72

[Dirac 1971] DIRAC, Paul A. M.: *The Development of Quantum Theory : J. Robert Oppenheimer Memorial Prize Acceptance Speech*. New York [u.a.] : Gordon and Breach, 1971

[Dirac 1989] DIRAC, Paul A. M.: *The Principles of Quantum Mechanics*. 4. ed., rev., repr., new as a paperback. Oxford : Clarendon Pr., 1989

[Dolgov 2006] DOLGOV, Alexander D.: CP Violation in Cosmology. In: GIORGI, Marcello (Hrsg.) ; MANNELLI, Italo (Hrsg.) ; SANDA, Anthony I. (Hrsg.) ; COSTANTINI, Flavio (Hrsg.) ; SOZZI, Marco S. (Hrsg.): *CP violation : From Quarks to Leptons. Proceedings, International School of Physics 'Enrico Fermi', 163rd Course, Varenna, Italy, July 19-29, 2005*. Bologna : Società Italiana di Fisica, 2006, S. 407–438

[Dorn 2007] DORN, Friedrich (Hrsg.): *Physik*. Bd. Gymnasium Gesamtband, Sek II. Druck A[7]. Braunschweig : Schroedel-Schulbuchverl., 2007

[Dyson 1949] DYSON, Freeman J.: The Radiation Theories of Tomonaga, Schwinger, and Feynman. In: *Phys. Rev.* 75 (1949), S. 486–502

[Dyson 2014] DYSON, Freeman J.: *Dyson Quantenfeldtheorie : Die weltbekannte Einführung von einem der Väter der QED*. Berlin, Heidelberg : Springer Spektrum, 2014

[Einstein 1905] EINSTEIN, Albert: Über einen die Erzeugung und Vernichtung des Lichts betreffenden heuristischen Gesichtspunkt. In: *Ann. Phys.* 17 (1905), S. 132–148

[Feynman 1948a] FEYNMAN, Richard P.: A Relativistic Cut-Off for Classical Electrodynamics. In: *Phys. Rev.* 74 (1948), 939-946. http://link.aps.org/doi/10.1103/PhysRev.74.939

[Feynman 1948b] FEYNMAN, Richard P.: Space-Time Approach to Non-Relativistic Quantum Mechanics. In: *Rev. Mod. Phys.* 20 (1948), S. 367–387

[Feynman 1949a] FEYNMAN, Richard P.: The Theory of Positrons. In: *Phys. Rev.* 76 (1949), S. 749–759

[Feynman 1949b] FEYNMAN, Richard P.: Space-Time Approach to Quantum Electrodynamics. In: *Phys. Rev.* 76 (1949), S. 769-789

[Feynman 1950] FEYNMAN, Richard P.: Mathematical Formulation of the Quantum Theory of Electromagnetic Interaction. In: *Phys. Rev.* 80 (1950), S. 440–457

[Feynman 1966] FEYNMAN, Richard P.: The Development of the Space-Time View of Quantum Electrodynamics. In: *Science* 153 (1966), S. 699–708

[Fiedler u. Scherer 2013] FIEDLER, Frank ; SCHERER, Stefan: *Gebiets-übergreifende Konzepte und Anwendungen*. Sommersemester 2013. – Vorlesung an der Johannes Gutenberg-Universität Mainz

[Fierz 1939] FIERZ, Markus E.: Über die relativistische Theorie kräftefreier Teilchen mit beliebigem Spin. In: *Helv. Phys. Acta* 12 (1939), S. 3–37

[Fließbach 2012] FLIESSBACH, Torsten: *Allgemeine Relativitätstheorie*. 6. Heidelberg : Spektrum Akademischer Verlag, 2012

[Gordon 1926] GORDON, Walter: Der Comptoneffekt nach der Schrödingerschen Theorie. In: *Z. Phys.* 40 (1926), S. 117–133

[Grehn u. Krause 1999] GREHN, Joachim (Hrsg.) ; KRAUSE, Joachim (Hrsg.): *Metzler Physik*. 3. Aufl. Hannover : Schroedel, 1999

[Greiner 1987] GREINER, Walter: *Theoretische Physik*. Bd. 6. Relativistische Quantenmechanik - Wellengleichungen. 2., überarb. und erw. Aufl. Thun [u.a.] : Deutsch, 1987

[Greiner u. Reinhardt 1993] GREINER, Walter ; REINHARDT, Joachim: *Theoretische Physik*. Bd. 7 A. Feldquantisierung : Ein Lehr- und Übungsbuch. 1. Aufl. Thun [u.a.] : Deutsch, 1993

[Greiner u. Reinhardt 1995] GREINER, Walter ; REINHARDT, Joachim: *Theoretische Physik*. Bd. 7. Quantenelektrodynamik : ein Lehr- und Übungsbuch. 2., überarb. und erw. Aufl. Thun [u.a.] : Deutsch, 1995

[Gross 1999] GROSS, Franz: *Relativistic Quantum Mechanics and Field Theory*. Wiley Science paperback ed. New York [u.a.] : Wiley, 1999

[Gupta 1950] GUPTA, Suraj N.: Theory of Longitudinal Photons in Quantum Electrodynamics. In: *Proc. Phys. Soc. A* 63 (1950), S. 681–691

[Heisenberg 1943] HEISENBERG, Werner K.: Die „beobachtbaren Größen" in der Theorie der Elementarteilchen. In: *Z. Phys.* 120 (1943), S. 513–538

[Heisenberg u. Pauli 1929] HEISENBERG, Werner K. ; PAULI, Wolfgang E.: Zur Quantenelektrodynamik der Wellenfelder. In: *Z. Phys.* 56 (1929), S. 1–61

[Heisenberg u. Pauli 1930] HEISENBERG, Werner K. ; PAULI, Wolfgang E.: Zur Quantenelektrodynamik der Wellenfelder. II. In: *Z. Phys.* 59 (1930), S. 168–190

[Hill 1951] HILL, Edward L.: Hamilton's Principle and the Conservation Theorems of Mathematical Physics. In: *Rev. Mod. Phys.* 23 (1951), S. 253–260

[Itzykson u. Zuber 2005] ITZYKSON, Claude G. ; ZUBER, Jean-Bernard: *Quantum Field Theory.* Dover ed., republication of the work originally publ. in 1980. Mineola, NY : Dover Publ., 2005

[Jackson u. Okun 2001] JACKSON, John D. ; OKUN, Lew B.: Historical Roots of Gauge Invariance. In: *Rev. Mod. Phys.* 73 (2001), S. 663–680

[Jordan u. Wigner 1928] JORDAN, Pascual ; WIGNER, Eugene P.: Über das Paulische Äquivalenzverbot. In: *Z. Phys.* 47 (1928), S. 631–651

[Jost 1957] JOST, Res: Eine Bemerkung zum CPT-Theorem. In: *Helv. Phys. Acta* 30 (1957), S. 409–416

[King u. a. 2014] KING, Stephen F. ; MERLE, Alexander ; MORISI, Stefano ; SHIMIZU, Yusuke ; TANIMOTO, Morimitsu: Neutrino Mass and Mixing: from Theory to Experiment. In: *ArXiv e-prints* http://arxiv.org/abs/1402.4271 (2014)

[Kircher 2009] KIRCHER, Ernst (Hrsg.): *Physikdidaktik : Theorie und Praxis.* 2. Aufl. Berlin [u.a.] : Springer, 2009

[Klein 1926] KLEIN, Oskar: Quantentheorie und fünfdimensionale Relativitätstheorie. In: *Z. Phys.* 37 (1926), S. 895–906

[Köpp u. Krüger 1997] KÖPP, Gabriele ; KRÜGER, Frank: *Einführung in die Quanten-Elektrodynamik.* Stuttgart : Teubner, 1997 (Teubner-Studienbücher)

[Kramers 1937] KRAMERS, Hendrik A.: The Use of Charge-Conjugated Wave-Functions in the Hole-Theory of the Electron. In: *Proc. Kon. Akad. Wetensch.* 40 (1937), S. 814–823

[Kuhn 1993] KUHN, Wilfried (Hrsg.): *Physik.* Bd. II : 2. Teil: Klassen 12/13. 1. Aufl. Braunschweig : Westermann, 1993. – XV S., S.193–534

[Lattes u. a. 1947] LATTES, Cesare M. G. ; MUIRHEAD, Hugh ; OCCHIALINI, Giuseppe P. S. ; POWELL, Cecil F.: Processes Involving Charged Mesons. In: *Nature* 159 (1947), S. 694–697

[Lüders 1954] LÜDERS, Gerhart: On the Equivalence of Invariance under Time Reversal and under Particle-Antiparticle Conjugation for Relativistic Field Theories. In: *Kong. Dan. Vid. Sel. Mat. Fys. Med.* 28 (1954), S. 1–17

[Lee u. a. 1957] LEE, Tsung-Dao ; OEHME, Reinhard ; YANG, Chen-Ning: Remarks on Possible Noninvariance under Time Reversal and Charge Conjugation. In: *Phys. Rev.* 106 (1957), S. 340–345

[Lee u. Yang 1956] LEE, Tsung-Dao ; YANG, Chen-Ning: Question of Parity Conservation in Weak Interactions. In: *Phys. Rev.* 104 (1956), S. 254–258

[Lehmann u. a. 1955] LEHMANN, Harry ; SYMANZIK, Kurt ; ZIMMERMANN, Wolfhart: Zur Formulierung quantisierter Feldtheorien. In: *Nuovo Cim.* 1 (1955), S. 205–225

[Mandl u. Shaw 2010] MANDL, Franz ; SHAW, Graham: *Quantum Field Theory.* 2. ed., 1. publ. Chichester, West Sussex, United Kingdom : Wiley, 2010

[Merkel u. a. 2014] MERKEL, Harald ; ACHENBACH, Patrick ; GAYOSO, Carlos A. ; BERANEK, Tobias ; BERICIC, Jure u. a.: Search for Light Massive Gauge Bosons As An Explanation of the $(g-2)_\mu$ Anomaly at MAMI. In: *ArXiv e-prints* http://arxiv.org/abs/1404.5502 (2014)

[Messiah 1990] MESSIAH, Albert: *Quantenmechanik*. Bd. 2. 3., verb. Aufl. Berlin [u.a.] : de Gruyter, 1990

[Meyer u. Schmidt 2008] MEYER, Lothar (Hrsg.) ; SCHMIDT, Gerd-Dietrich (Hrsg.): *Physik - Gymnasiale Oberstufe*. 1. Aufl. Berlin [u.a.] : DUDEN PAETEC Schulbuchverl., 2008

[Nobel Media AB 2013] NOBEL MEDIA AB: *All Nobel Prizes in Physics*. http://www.nobelprize.org/nobel_prizes/physics/laureates/, 2013. – (27. April 2014)

[Noether 1918] NOETHER, Emmy: Invariante Variationsprobleme. In: *Nachr. d. königl. Gesellsch. d. Wiss. zu Göttingen, Math-phys. Klasse* 1918 (1918), S. 235–257

[Oppenheimer 1930] OPPENHEIMER, J. Robert: On the Theory of Electrons and Protons. In: *Phys. Rev.* 35 (1930), S. 562–563

[Pauli 1925] PAULI, Wolfgang E.: Über den Zusammenhang des Abschlusses der Elektronengruppen im Atom mit der Komplexstruktur der Spektren. In: *Z. Phys.* 31 (1925), S. 765–783

[Pauli 1927] PAULI, Wolfgang E.: Zur Quantenmechanik des magnetischen Elektrons. In: *Z. Phys.* 43 (1927), S. 601–623

[Pauli 1936] PAULI, Wolfgang E.: Contributions mathématiques à la théorie des matrices de Dirac. In: *Annales de l'institut Henri Poincaré* 6 (1936), S. 109–136

[Pauli 1940] PAULI, Wolfgang E.: The Connection between Spin and Statistics. In: *Phys. Rev.* 58 (1940), S. 716–722

[Pauli 1955] PAULI, Wolfgang E.: Exclusion Principle, Lorentz Group and Reflection of Space-Time and Charge. In: PAULI, Wolfgang E. (Hrsg.): *Niels Bohr and the Development of Physics : Essays Dedicated to Niels Bohr on the Occasion of His Seventieth Birthday*. London : Pergamon, 1955, S. 30–51

[Planck 1901] PLANCK, Max: Über das Gesetz der Energieverteilung im Normalspectrum. In: *Ann. Phys.* 309 (1901), S. 553–563

[Quigg 2013] QUIGG, Chris: *Gauge Theories of the Strong, Weak, and Electromagnetic Interactions*. 2. ed. Princeton, NJ [u.a.] : Princeton Univ. Press, 2013

[Radau 2013] RADAU, Annika R. L.: *Quantentheorien und Pfadintegrale*, Johannes Gutenberg-Universität Mainz, Masterarbeit, 2013

[Rebhan 2008] REBHAN, Eckhard: *Theoretische Physik : Quantenmechanik*. München : Elsevier, Spektrum, Akad. Verl., 2008

[Rebhan 2010] REBHAN, Eckhard: *Theoretische Physik : Relativistische Quantenmechanik, Quantenfeldtheorie und Elementarteilchentheorie*. Heidelberg : Spektrum Akademischer Verlag, 2010

[Reuter u. Saueressig 2012] REUTER, Martin ; SAUERESSIG, Frank: Quantum Einstein Gravity. In: *New J.Phys.* 14 (2012), S. 055022

[Rodgers 2001] RODGERS, Peter: Where Did All the Antimatter Go? In: *Phys. World* 14 (2001), S. 11

[Ryder 2005] RYDER, Lewis H.: *Quantum Field Theory*. 2. ed., reprint. 2002 with corr., [Nachdr.]. Cambridge [u.a.] : Cambridge Univ. Press, 2005

[Sakurai 1996] SAKURAI, Jun J.: *Advanced Quantum Mechanics*. 20. [print.]. Reading, Mass. [u.a.] : Addison-Wesley, 1996

[Scadron 2007] SCADRON, Michael D.: *Advanced Quantum Theory*. 3. ed. New Jersey [u.a.] : World Scientific, 2007

[Scheck 2007a] SCHECK, Florian: *Theoretische Physik*. Bd. 4. Quantisierte Felder : Von den Symmetrien zur Quantenelektrodynamik. 2. Aufl. Berlin, Heidelberg : Springer, 2007

[Scheck 2007b] SCHECK, Florian: *Theoretische Physik*. Bd. 1. Mechanik : Von den Newtonschen Gesetzen zum deterministischen Chaos. 8. Aufl. Berlin [u.a.] : Springer, 2007

[Scheck 2010] SCHECK, Florian: *Theoretische Physik*. Bd. 3. Klassische Feldtheorie : Von Elektrodynamik, nicht-Abelschen Eichtheorien und Gravitation. 3. Aufl. Berlin [u.a.] : Springer, 2010

[Scheck 2013] SCHECK, Florian: *Theoretische Physik*. Bd. 2. Nichtrelativistische Quantentheorie : Vom Wasserstoffatom zu den Vielteilchensystemen. 3. Aufl. Berlin [u.a.] : Springer Spektrum, 2013

[Scherer 2008] SCHERER, Stefan: *Chiral Dynamics I+II*. Juli 2008. – Vorlesung an der Johannes Gutenberg-Universität Mainz

[Scherer u. Schindler 2011] SCHERER, Stefan ; SCHINDLER, Matthias R.: *A Primer for Chiral Perturbation Theory*. Berlin [u.a.] : Springer, 2011

[Schiff 1968] SCHIFF, Leonard I.: *Quantum Mechanics*. 3. ed. New York [u.a.] : McGraw-Hill, 1968

[Schmidt u. a. 2010] SCHMIDT, Martin ; WOJKE, Peter ; ZIMMERSCHIED, Frank: *Impulse Physik*. Bd. Oberstufe Rheinland-Pfalz. 1. Aufl. Stuttgart [u.a.] : Klett, 2010

[Schrödinger 1926a] SCHRÖDINGER, Erwin: Quantisierung als Eigenwertproblem : (Erste Mitteilung.). In: *Ann. Phys.* 384 (1926), S. 361–376

[Schrödinger 1926b] SCHRÖDINGER, Erwin: Quantisierung als Eigenwertproblem : (Zweite Mitteilung.). In: *Ann. Phys.* 384 (1926), S. 489–527

[Schrödinger 1926c] SCHRÖDINGER, Erwin: Quantisierung als Eigenwertproblem : (Dritte Mitteilung.). In: *Ann. Phys.* 385 (1926), S. 437–490

[Schrödinger 1926d] SCHRÖDINGER, Erwin: Quantisierung als Eigenwertproblem : (Vierte Mitteilung.). In: *Ann. Phys.* 386 (1926), S. 109–139

[Schwabl 2005] SCHWABL, Franz: *Quantenmechanik für Fortgeschrittene (QM II)*. 4., erw. und aktualisierte Aufl. Berlin [u.a.] : Springer, 2005

[Schwabl 2007] SCHWABL, Franz: *Quantenmechanik (QM I)*. 7. Aufl. Berlin [u.a.] : Springer, 2007

[Schweber 1994] SCHWEBER, Silvan S.: *QED and the Men Who Made It : Dyson, Feynman, Schwinger, and Tomonaga*. Princeton, NJ : Princeton Univ. Press, 1994

[Schwinger 1948a] SCHWINGER, Julian S.: Quantum Electrodynamics. I. A Covariant Formulation. In: *Phys. Rev.* 74 (1948), S. 1439–1461

[Schwinger 1948b] SCHWINGER, Julian S.: Quantum Electrodynamics. II. Vacuum Polarization And Self Energy. In: *Phys. Rev.* 75 (1948), S. 651

[Schwinger 1949] SCHWINGER, Julian S.: Quantum Electrodynamics. III. The Electromagnetic Properties of the Electron: Radiative Corrections to Scattering. In: *Phys. Rev.* 76 (1949), S. 790–817

[Schwinger 1951] SCHWINGER, Julian S.: The Theory of Quantized Fields. I. In: *Phys. Rev.* 82 (1951), S. 914–927

[Starkl 1998] STARKL, Reinhard: *Materie - Feld - Struktur : Repetitorium der theoretischen Physik.* Braunschweig [u.a.] : Vieweg, 1998

[Stepanow 2010] STEPANOW, Semjon: *Relativistische Quantentheorie : Für Bachelor: Mit Einführung in die Quantentheorie der Vielteilchensysteme.* Berlin, Heidelberg : Springer Berlin Heidelberg, 2010

[Stückelberg 1941] STÜCKELBERG, Ernst C. G.: Remarque à propos de la création de paires de particules en théorie de relativité. In: *Helv. Phys. Acta* 14 (1941), S. 588–594

[Stückelberg 1942] STÜCKELBERG, Ernst C. G.: La mécanique du point matériel en théorie de relativité et en théorie des quants. In: *Helv. Phys. Acta* 15 (1942), S. 23–37

[Stückelberg u. Rivier 1950] STÜCKELBERG, Ernst C. G. ; RIVIER, Dominique: Causalité et structure de la Matrice S. In: *Helv. Phys. Acta* 23 (1950), S. 215–222

[Tamm 1930] TAMM, Igor J.: Über die Wechselwirkung der freien Elektronen mit der Strahlung nach der Diracschen Theorie des Elektrons und nach der Quantenelektrodynamik. In: *Z. Phys.* 62 (1930), S. 545–568

[Thomas 1926] THOMAS, Llewellyn H.: The Motion of the Spinning Electron. In: *Nature* 117 (1926), S. 514

[Thomson 1897] THOMSON, Joseph J.: Cathode Rays. In: *Phil. Mag.* 44 (1897), S. 293–316

[Tomonaga 1943] TOMONAGA, Shin'itiro: On a Relativistic Reformulation of Quantum Field Theory. In: *Bull. I. P. C. R. (Riken-iho)* 22 (1943), S. 545–557

[Tomonaga 1946] TOMONAGA, Shin'itiro: On a Relativistically Invariant Formulation of the Quantum Theory of Wave Fields. In: *Prog. Theor. Phys.* 1 (1946), S. 27–42

[Uhlenbeck u. Goudschmidt 1926] UHLENBECK, George E. ; GOUDSCHMIDT, Samuel A.: Spinning Electrons and the Structure of Spectra. In: *Nature* 117 (1926), S. 264–265

[Umezawa 1993] UMEZAWA, Hiroomi: *Advanced Field Theory : Micro, Macro, and Thermal Physics.* New York : American Institute of Physics, 1993

[Veltman 1995] VELTMAN, Martinus: *Diagrammatica : The Path to Feynman Rules.* 1. ed., 1. reprint. Cambridge [u.a.] : Cambridge Univ. Press, 1995

[Wachter 2005] WACHTER, Armin: *Relativistische Quantenmechanik.* Berlin [u.a.] : Springer, 2005

[Weinberg 2005] WEINBERG, Steven: *The Quantum Theory of Fields.* Bd. 1. Foundations. Reprint., paperback ed. Cambridge : Cambridge Univ. Press, 2005

[Weyl 1929] WEYL, Hermann: Electron und Gravitation. I. In: *Z. Phys.* 56 (1929), S. 330–352

[Weyl 1931] WEYL, Hermann: *Gruppentheorie und Quantenmechanik.* 2. umgearb. Aufl. Leipzig : Hirzel, 1931

[Wick 1950] WICK, Gian C.: The Evaluation of the Collision Matrix. In: *Phys. Rev.* 80 (1950), S. 268–272

[Wigner 1931] WIGNER, Eugene P.: *Gruppentheorie und ihre Anwendung auf die Quantenmechanik der Atomspektren.* Braunschweig : Vieweg, 1931 (Wissenschaft)

[Wigner 1932] WIGNER, Eugene P.: Über die Operation der Zeitumkehr in der Quantenmechanik. In: *Nachr. Akad. Wiss. Göttingen II* 31 (1932), S. 546–559

[Wikipedia 2014] WIKIPEDIA: *Ladungskonjugation*. http://de. wikipedia.org/w/index.php?title=Ladungskonjugation&oldid= 126714179, Januar 2014. – (26. Februar 2014)

[Wu u. a. 1957] WU, C. S. ; AMBLER, E. ; HAYWARD, R. W. ; HOPPES, D. D. ; HUDSON, R. P.: Experimental Test of Parity Conservation in Beta Decay. In: *Phys. Rev.* 105 (1957), S. 1413–1415

[Xing u. Zhou 2011] XING, Zhi-Zhong ; ZHOU, Shun: *Neutrinos in Particle Physics, Astronomy and Cosmology*. Berlin [u.a.] : Springer, 2011

[Yukawa 1935] YUKAWA, Hideki: On the Interaction of Elementary Particles. In: *Proc. Phys. Math. Soc. Jap.* 17 (1935), S. 48–57

[Zeh 2003] ZEH, H. Dieter: There Is No 'First' Quantization. In: *Phys. Lett. A* 309 (2003), S. 329–334

[Zeh 2014] ZEH, H. Dieter: The Strange (Hi)story of Particles and Waves. In: *ArXiv e-prints* http://arxiv.org/abs/1304.1003v7 (2014)

[Zeidler 2006] ZEIDLER, Eberhard: *Quantum Field Theory*. Bd. 1. Basics in Mathematics and Physics : A Bridge between Mathematicians and Physicists. Heidelberg : Springer, 2006

[Zichichi 2000] ZICHICHI, Antonino: Dirac, Einstein and Physics. In: *Phys. World* 13 (2000), Nr. 3, S. 17–18

Printed in the United States
By Bookmasters